南方电网能源发展研究院

南方五省区新能源发展报告

（2023年）

南方电网能源发展研究院有限责任公司　编著

中国水利水电出版社
www.waterpub.com.cn
·北京·

图书在版编目（CIP）数据

南方五省区新能源发展报告. 2023年 / 南方电网能
源发展研究院有限责任公司编著. -- 北京 : 中国水利水
电出版社，2024.1
ISBN 978-7-5226-2074-9

Ⅰ. ①南… Ⅱ. ①南… Ⅲ. ①新能源－能源发展－研
究报告－中国－2023 Ⅳ. ①F426.2

中国国家版本馆CIP数据核字(2024)第011440号

书　　名	**南方五省区新能源发展报告（2023 年）** NANFANG WUSHENGQU XINNENGYUAN FAZHAN BAOGAO（2023 NIAN）	
作　　者	南方电网能源发展研究院有限责任公司　编著	
出版发行	中国水利水电出版社 （北京市海淀区玉渊潭南路 1 号 D 座　100038） 网址：www. waterpub. com. cn E - mail：sales@mwr. gov. cn 电话：（010）68545888（营销中心）	
经　　售	北京科水图书销售有限公司 电话：（010）68545874、63202643 全国各地新华书店和相关出版物销售网点	
排　　版	中国水利水电出版社微机排版中心	
印　　刷	北京天工印刷有限公司	
规　　格	184mm×260mm　16 开本　7 印张　103 千字	
版　　次	2024 年 1 月第 1 版　2024 年 1 月第 1 次印刷	
印　　数	0001—1500 册	
定　　价	**78.00 元**	

凡购买我社图书，如有缺页、倒页、脱页的，本社营销中心负责调换

前 言
PREFACE

　　2022 年，我国统筹能源安全供应和绿色低碳发展，加强能源发展顶层设计，相继出台《"十四五"现代能源体系规划》《"十四五"可再生能源发展规划》《关于完善能源绿色低碳转型体制机制和政策措施的意见》等政策文件，南方五省区出台省级能源发展"十四五"规划，为构建现代能源体系，推动实现碳达峰碳中和目标提供坚强保障。

　　2022 年，我国新能源持续快速发展。截至 2022 年年底，全国新能源装机容量为 8.0 亿 kW，南方五省区新能源装机容量达到 9058 万 kW，同比增长 25.9%。 2022 年，全国风电、光伏发电量达到 1.19 万亿 kW·h，同比增长 21%，占全社会用电量的 13.8%。 2022 年，南方五省区新能源发电量 1529 亿 kW·h，同比增长 22.2%，新能源发电量占五省区总发电量的10.2%，风电、光伏发电基本实现全额消纳，利用率继续保持全国领先水平。

　　《南方五省区新能源发展报告（2023 年）》对 2022 年风电、光伏发电、生物质发电等主要新能源建设投产规模、消纳、成本、技术等情况进行统计分析，对新能源并网电价与市场交易、新能源并网特性、区外新能源发展等热点问题进行研究，探讨新能源未来发展趋势，提出相关建议。

　　《南方五省区新能源发展报告（2023 年）》是南方电网能源发展研究院有限责任公司年度系列专题研究报告之一，旨在为能源电力行业人士、关心新能源发展的专家、学者和社会人士提供参考。

　　本报告在编写过程中，得到了中国南方电网有限责任公司战略规划部、计划与财务部、南方电网电力调度中心等部门和单位的悉心指导，在此表示最诚挚的谢意！

　　鉴于作者水平有限，本报告难免有疏漏及不足之处，敬请读者批评指正！

编　者

2024 年 1 月

目 录
CONTENTS

第 1 章

发展形势与政策

1.1　宏观环境

1.1.1　国际能源发展形势

（1）能源供应形势。2022 年在国际地缘政治冲突、气候异常等多重因素影响下，能源价格飙升，能源危机加剧。

化石能源市场起伏导致欧洲能源成本激增，国际社会进一步意识到能源安全和可再生能源的重要性。从短期来看，为应对能源供给危机，多个国家出台了应急措施：为居民提供用能补贴、增加煤电占比、延长核电站运营年限等。从长期来看，多个国家均提出将提高可再生能源供能占比，进一步优化能源结构。

受到原材料价格上涨、地缘政治冲突、贸易摩擦等因素影响，新能源供应链成本上涨，欧洲出现零部件生产中断等现象。全球清洁能源投资高度集中于欧美发达国家和中国，受到资金、技术等因素制约，大量发展中国家在清洁能源领域投资力度不足。

（2）新能源开发建设情况。国际可再生能源署（IRENA）发布的《2023 年可再生能源装机容量统计报告》（*Renewable Capacity Statistics 2023*）的数据显示，2022 年，全球新能源发电❶新增装机容量 2.7 亿 kW，其中，风电新增装机容量 0.7 亿 kW，风电新增装机容量中陆上风电新增装机容量占比为 88% 左右，太阳能发电❷新增装机容量 1.9 亿 kW，其他新能源新增装机容量 0.1 亿 kW。

2022 年年底，全球新能源发电累计装机容量 21.0 亿 kW，同比增长 15.0%。其中，风电累计装机容量 9.0 亿 kW，同比增长 9.1%；太阳能发电装机容量 10.5 亿 kW，同比增长 22.2%；生物质装机容量 1.5 亿 kW，同

---

❶ 本书新能源发电主要指风电、太阳能发电和生物质发电。

❷ 太阳能发电包括太阳能光伏发电和太阳能光热发电。

比增长 5.4%。全球新能源发电累计装机容量及增速如图 1-1 所示。

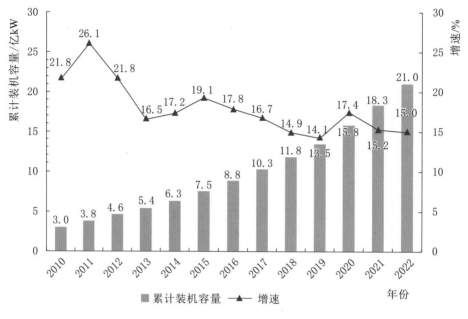

图 1-1　全球新能源发电累计装机容量及增速❶

（3）欧美重要能源政策。2022 年 3 月，欧盟委员会出台 REPowerEU 计划，内容主要包括多元化进口天然气、加快清洁能源替代等措施，以加速清洁能源转型，增强能源独立性；5 月欧盟委员会正式发布 "REPowerEU 计划及欧盟太阳能战略"，将 2030 年可再生能源份额正式由 40% 提升至 45%。在 REPowerEU 计划中，重振欧洲需要两个支柱：①天然气供应多样化；②能源转型：提高能源效率，增加可再生能源的份额。

美国通过《2022 年通胀削减法案》。该法案意在通过增加对大企业征税等措施来遏制通胀，同时推广清洁能源解决方案。法案将加大能源安全和气候变化领域投资，包括清洁用电和减排安排、增加可再生能源和替代能源生产补贴、对个人使用清洁能源提供信贷激励和税收抵免、对新能源汽车发展提供支持等，旨在推动经济低碳化或脱碳化发展，提升能源使用效率，降低能源成本。法案中有关清洁能源和应对气候变化的政策有较强外溢性，将加

---

❶　数据来源：IRENA，*Renewable Capacity Statistics* 2023。

大主要经济体在能源转型方面的竞争。

1.1.2 我国能源发展形势

（1）电力供需形势[1]。2022 年全国电力供需总体紧平衡，部分地区用电高峰时段电力供需偏紧。2 月，全国多次出现大范围雨雪天气过程，少数省份在部分用电高峰时段电力供需平衡偏紧。7 月、8 月，我国出现了近几十年来持续时间最长、影响范围最广的极端高温少雨天气，叠加经济恢复增长，拉动用电负荷快速增长。全国有 21 个省级电网用电负荷创新高，华东、华中区域电力保供形势严峻，浙江、江苏、安徽、四川、重庆、湖北等地区电力供需形势紧张。12 月，贵州、云南等少数省份受前期来水偏枯导致水电蓄能持续下滑等因素影响，叠加寒潮天气期间取暖负荷快速攀升，电力供需形势较为紧张，通过加强省间余缺互济、实施负荷侧管理等措施，保障电力供应平稳有序。

2023 年，电力供应和需求多方面因素交织叠加，给电力供需形势带来不确定性。迎峰度夏期间，预计全国电力供需总体紧平衡，部分区域用电高峰时段电力供需偏紧。主要是南方、华东、华中区域电力供需形势偏紧，存在电力缺口；东北、华北、西北区域电力供需基本平衡。

（2）开发建设情况[2]。2022 年，全国风电、光伏发电新增装机容量达到 1.25 亿 kW，创历史新高。其中，风电新增装机容量 3763 万 kW、太阳能发电新增装机容量 8741 万 kW、生物质发电新增装机容量 334 万 kW。

截至 2022 年年底，全国新能源装机容量为 8.0 亿 kW。其中，风电装机容量约 3.7 亿 kW，同比增长 11.2％；太阳能发电装机容量约 3.9 亿 kW，同比增长 28.1％；生物质发电装机容量为 4132 万 kW，同比增长 8.8％。

2022 年，我国风电、光伏发电量突破 1 万亿 kW·h，达到 1.19 万亿 kW·h，同比增长 21％，占全社会用电量的 13.8％，同比提高 2 个百分点。

---

❶ 数据来源：中国电力企业联合会报告。
❷ 数据来源：中国电力企业联合会，全国电力工业统计快报。

2022年，全国风电、光伏的利用率分别为96.8%、98.3%。弃风较严重的地区为蒙东、青海、蒙西、甘肃，风电利用率均低于95%。西藏和青海弃光较为严重。

1.2　发展政策

1.2.1　"十四五"能源发展规划

2022年是落实"十四五"规划和碳达峰目标的关键一年。2022年以来，能源领域相继出台《"十四五"现代能源体系规划》《"十四五"可再生能源发展规划》等重要规划文件，加大对新能源发展支持力度。2022年以来我国新能源规划类政策（截至2023年6月）见表1-1。

表1-1　　2022年以来我国新能源规划类政策（截至2023年6月）

发布时间/(年.月)	发布部门	政策名称
2022.3	国家发展改革委、国家能源局	《"十四五"现代能源体系规划》
2022.6	国家发展改革委等九部委	《"十四五"可再生能源发展规划》
2023.6	国家能源局	《新型电力系统发展蓝皮书》

2022年3月，国家发展改革委、国家能源局印发《"十四五"现代能源体系规划》。该文件阐明了我国能源发展方针、主要目标和任务举措，明确了在能源保障方面，到2025年，发电装机总容量达到约30亿kW；在能源低碳转型方面，到2025年非化石能源消费比重提高到20%左右，非化石能源发电量比重达到39%左右，电能占终端用能比重达到30%左右。到2025年灵活调节电源占比达到24%左右，电力需求侧响应能力达到最大用电负荷的3%～5%。2035年基本建成现代能源体系。非化石能源消费比重在2030年达到25%的基础上进一步大幅提高，可再生能源发电成为主体电源，新型电力系统建设取得实质性成效。

2022 年 6 月，国家发展改革委等九部委联合印发《"十四五"可再生能源发展规划》，从总量、发电、消纳等方面明确了"十四五"期间可再生能源的发展目标。该文件提出，"十四五"期间可再生能源发电量增量在全社会用电量增量中的占比超过 50％，风电和太阳能发电量实现翻倍。2025 年我国非水可再生能源消纳责任权重将由 2021 年的 13.7％提升至 2025 年的 18％左右。大力推动光伏发电多场景融合开发。全面推进分布式光伏开发，重点推进工业园区、经济开发区、公共建筑等屋顶光伏开发利用行动，在新建厂房和公共建筑积极推进光伏建筑一体化开发，实施"千家万户沐光行动"，规范有序推进整县（区）屋顶分布式光伏开发，建设光伏新村。

2023 年 6 月，国家能源局发布《新型电力系统发展蓝皮书》，全面阐述新型电力系统的发展理念、内涵特征，制定"三步走"发展路径，提出构建新型电力系统的总体架构和重点任务。该蓝皮书明确，新型电力系统是以确保能源电力安全为基本前提，以满足经济社会高质量发展的电力需求为首要目标，以高比例新能源供给消纳体系建设为主线任务。制定新型电力系统"三步走"发展路径，即加速转型期（当前—2030 年）、总体形成期（2030—2045 年）、巩固完善期（2045—2060 年），有计划、分步骤推进新型电力系统建设。要加强电力供应支撑体系、新能源开发利用体系、储能规模化布局应用体系、电力系统智慧化运行体系等四大体系建设。

1.2.2 新能源高质量发展政策

"十四五"时期，我国可再生能源进入全新的发展阶段，将推动可再生能源高质量跃升发展，为构建清洁低碳、安全高效的能源体系、实现碳达峰碳中和目标提供坚强保障。国家能源局发布了与新能源发电项目、配套送出工程建设、管理、新能源基地配置储能的相关政策文件。2022 年以来我国新能源高质量发展政策（截至 2023 年 6 月）见表 1-2。

表1-2　2022年以来我国新能源高质量发展政策（截至2023年6月）

发布时间/(年.月)	发布部门	政策名称
2022.1	国家发展改革委、国家能源局	《关于完善能源绿色低碳转型体制机制和政策措施的意见》
2022.2	国家发展改革委、国家能源局	《以沙漠、戈壁、荒漠地区为重点的大型风电光伏基地规划布局方案》
2022.4	国家发展改革委	《关于2022年新建风电、光伏发电项目延续平价上网政策的函》
2022.5	国家发展改革委、国家能源局	《关于促进新时代新能源高质量发展的实施方案》
2022.11	国家能源局	《关于积极推动新能源发电项目应并尽并、能并早并有关工作的通知》
2022.11	国家能源局	《光伏电站开发建设管理办法》
2023.3	国家能源局	《〈关于促进新时代新能源高质量发展的实施方案〉案例解读》
2023.6	国家能源局	《新能源基地跨省区送电配置新型储能规划技术导则》

2022年1月，国家发展改革委、国家能源局印发《关于完善能源绿色低碳转型体制机制和政策措施的意见》。该文件提出，推动构建以清洁低碳能源为主体的能源供应体系，加快推进大型风电、光伏发电基地建设，探索建立送受两端协同为新能源电力输送提供调节的机制，支持新能源电力能建尽建、能并尽并、能发尽发。我国对大型风光基地建设支持力度明显强化，有望推动风光大基地项目建设进度。

2022年2月，国家发展改革委、国家能源局印发《以沙漠、戈壁、荒漠地区为重点的大型风电光伏基地规划布局方案》。该方案计划以新疆、内蒙古地区的4个沙漠为重点，规划建设大型风电光伏基地；方案提出，到2030年我国将规划建设风光基地总装机容量约4.55亿kW。目前，这些大型风电光伏基地的建设正顺利推进，第一批约1亿kW的项目全部开工，第二批、第三批项目也都在陆续推进。此轮风电光伏大基地项目更加重视调节能力和外送通道等源网荷要素的协同。

2022年4月，国家发展改革委印发《关于2022年新建风电、光伏发电项目延续平价上网政策的函》中明确上述新备案集中式光伏电站、工商业分布式光伏和新核准陆上风电项目发电，上网电价执行当地燃煤发电基准价，新建项目可自愿通过参与市场化交易形成上网电价。

2022年5月，国家发展改革委、国家能源局发布《关于促进新时代新能源高质量发展的实施方案》。方案聚焦影响新能源大规模高比例发展的堵点、难点，在新能源的开发利用模式、加快构建新型电力系统、完善新能源项目建设管理、保障新能源发展用地用海需求和财政金融手段支持新能源发展等方面，对我国新能源行业的发展做出全面指引。

2022年11月，国家能源局发布《光伏电站开发建设管理办法》。该办法覆盖了光伏电站从规划、开工、建设、运行、改造升级、退役等各阶段的全生命周期管理要求；要求省级能源主管部门负责做好本省（自治区、直辖市）可再生能源发展规划与国家能源、可再生能源、电力等发展规划和重大布局的衔接，根据本省（自治区、直辖市）可再生能源发展规划、非水电可再生能源电力消纳责任权重以及电网接入与消纳条件等，制定光伏电站年度开发建设方案；提出电网企业建设确有困难或规划建设时序不匹配的光伏电站配套电力送出工程，允许光伏电站项目单位投资建设。

2022年11月，国家能源局发布《关于积极推动新能源发电项目应并尽并、能并早并有关工作的通知》。该通知要求电网企业在确保电网安全稳定、电力有序供应前提下，按照"应并尽并、能并早并"原则，对具备并网条件的风电、光伏发电项目，允许分批并网，并加大配套接网工程建设，力争与风电、光伏发电项目同步建成投运。

2023年3月以来，为及时总结推动新能源高质量发展的成功经验和优秀做法，国家能源局发布了《〈关于促进新时代新能源高质量发展的实施方案〉案例解读》，按章节以连载方式陆续发布，案例解读材料从每个政策点的背景、目的，已经出台的相关措施，下一步政策落实方向等方面进行详细阐述。

2023年6月，国家能源局发布《新能源基地跨省区送电配置新型储能规划技术导则》。该导则中明确新能源基地送电配置的新型储能将主要用于调峰操作，主要考虑布局在输电通道送端，分为集中布置和分散布置两种类型。其中分散布置站址主要考虑新能源场站或新能源汇集站，集中布置主要配置在枢纽变电站或外送通道换流站；储能的配置规模应综合考虑配套支撑电源的调峰能力和其他调控手段后，计算分析确定，配套支撑电源包括煤电、气电、水电、抽水蓄能等。此外，新能源基地送电配置的新型储能技术经济性也做出相关规定，在方案经济性方面，宜采用年费用评估或收益成本评估等方法分析新型储能规划期内的经济效益，选择最优的方案。

1.2.3　南方五省区政策

（1）广东。2022年3月，广东发布《广东省能源发展"十四五"规划》，提出"十四五"期间重点是规模化打造粤东、粤西千万千瓦级海上风电基地，坚持集中式和分布式开发并举提升光伏发电规模，新增风电、光伏装机容量各2000万kW。到2025年非化石能源电力装机容量约13700万kW（含西电东送部分），占比达49%，非化石能源消费比重达32%。

2023年5月，广东发布《新能源发电项目配置储能有关事项的通知》，要求2022年以后新增规划的海上风电项目，以及2023年7月1日以后新增并网的集中式光伏电站和陆上集中式风电项目，按照不低于发电装机容量的10%、时长1小时配置新型储能，对未按要求配置储能的新能源发电项目，电网公司原则上不予调度，不收购其电力电量。

（2）广西。2022年8月，广西壮族自治区人民政府办公厅印发《广西能源发展"十四五"规划》，提出到2025年，非化石能源消费比重达到30%以上，非化石能源发电量比重达到54%以上。到2030年，力争清洁电源总装机规模不低于1.1亿kW、消纳区外清洁电力不低于3000万kW。

2023年3月，广西壮族自治区发展改革委发布《完善广西能源绿色低碳转型体制机制和政策措施的实施意见（征求意见稿）》中指出将加快绿色电力交易市场建设，逐步建立风电、光伏等绿色电力参与市场的长效机制，构建"电网＋绿电＋绿证"的电力供应体系。

（3）云南。2023 年 1 月，云南省人民政府办公厅印发《云南省绿色能源发展"十四五"规划》。该规划提出加快构建以绿色为核心竞争力的现代能源产业体系，明确到 2025 年，电力总装机容量 1.6 亿 kW 以上，发电能力达到 5000 亿 kW•h 以上，非化石能源消费比重较 2020 年提高 4 个百分点以上。

（4）贵州。2022 年 4 月，贵州省能源局、贵州省发展改革委印发《贵州省新能源和可再生能源发展"十四五"规划》。该规划提出到 2025 年，新能源与可再生能源发电装机容量 6546 万 kW；非水电可再生能源装机容量 4265 万 kW。其中，风电装机容量 1080 万 kW，光伏发电装机容量 3100 万 kW，生物质能发电装机容量 85 万 kW。

2023 年 5 月，贵州省能源局就《贵州省新型储能项目管理暂行办法（征求意见稿）》向社会公开征求意见。该征求意见稿中提出，要建立"新能源＋储能"机制，为确保新建风电光伏发电项目消纳，对"十四五"以来建成并网的风电、集中式光伏发电项目（即 2021 年 1 月 1 日后建成并网的项目）暂按不低于装机容量 10％的比例（时长 2h）配置储能电站。配置储能电站可由企业自建、共建或租赁。

（5）海南。海南发布的《海南省能源发展"十四五"规划》中提出，到 2025 年，风电装机容量达到 229 万 kW，光伏发电装机容量 541 万 kW，生物质发电装机容量 60 万 kW。

第 2 章

新能源总体情况

2.1　开发建设

2.1.1　新增装机容量

2022 年，南方五省区新能源发电新增装机容量 1863 万 kW，其中，风电新增装机容量 390 万 kW；光伏发电新增装机容量 1354 万 kW；生物质新增装机容量 119 万 kW。

2022 年，全网新能源新增投产装机占新增总装机 51.5%。南方五省区新能源发电新增装机容量如图 2-1 所示。

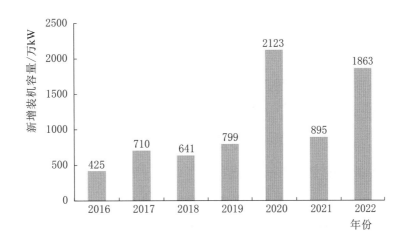

图 2-1　南方五省区新能源发电新增装机容量

2.1.2　累计装机容量

截至 2022 年年底，南方五省区新能源并网装机容量 9058 万 kW，其中：风电装机容量 3836 万 kW；光伏发电装机容量 4362 万 kW；生物质装机容量 860 万 kW。新能源累计装机容量同比增长 25.9%。

截至 2022 年年底，南方五省区新能源发电装机占总发电装机的 20.6%。

南方五省区新能源发电累计装机容量及增速如图2-2所示。

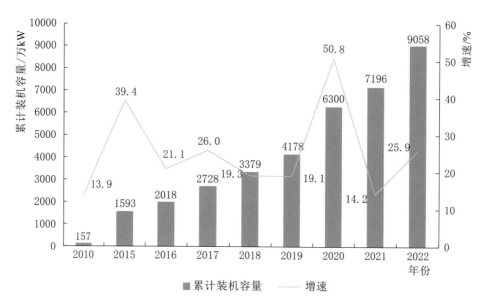

图2-2　南方五省区新能源发电累计装机容量及增速

广东新能源发电装机规模最大，为3369万kW；贵州新能源发电装机规模次之，为2075万kW；广西和云南新能源发电装机规模相当，分别为1717万kW、1564万kW；海南新能源装机规模为333万kW。南方五省区新能源发电装机情况如表2-1所示。

表2-1　　　　　　南方五省区新能源发电装机情况　　　　　　单位：万kW

项目名称	2010年	2015年	2016年	2017年	2018年	2019年	2020年	2021年	2022年
1. 五省区新能源发电总装机	157	1603	2028	2738	3379	4178	6300	7196	9058
（1）广东	83	381	469	781	1049	1304	1629	2592	3369
（2）广西	3	76	114	281	375	477	1289	1287	1717
（3）云南	45	743	957	1075	1196	1230	1485	1339	1564
（4）贵州	0	337	419	516	585	987	1672	1760	2075
（5）海南	27	65	69	85	173	179	225	227	333
2. 占全国比重	4.3%	7.4%	8.5%	8.9%	9.0%	9.6%	11.2%	10.7%	11.3%

2.1.3 累计装机容量占比

南方五省区新能源装机容量占本省（自治区）电源装机容量的比重整体呈逐步增长趋势。2022 年，广西、贵州和海南三省区新能源装机容量占本省（自治区）电源装机容量的比重已超过四分之一，其中广西新能源装机容量占本自治区电源装机容量的比重为 27.4%，为五省区中最高。广东新能源装机容量占本省电源装机容量的比重接近 20%。虽然云南新能源装机容量占本省电源装机容量的比重仅为 14%，如计水电，云南可再生能源装机容量占比高达 86.8%。南方五省区新能源累计装机容量占比情况如图 2-3 所示。

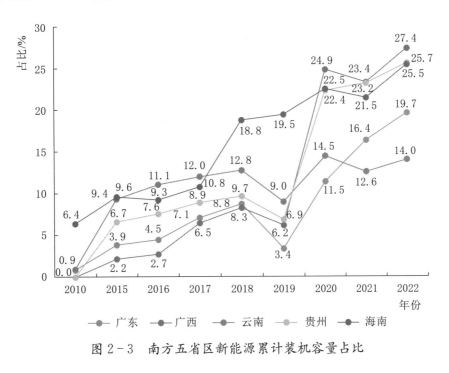

图 2-3　南方五省区新能源累计装机容量占比

2.2　运行消纳

2.2.1　发电量

2022 年，南方五省区新能源发电量 1529 亿 kW·h，同比增长 22.2%；

占南方五省区总发电量的 10.2%，同比上升 1.7 个百分点。南方五省区新能源发电量及占比如图 2-4 所示。

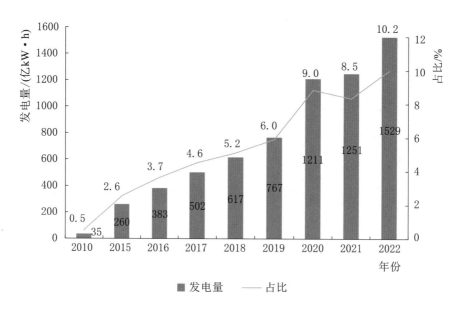

图 2-4　南方五省区新能源发电量及占比

2.2.2　利用小时数

2022 年，南方五省区全网风电利用小时数 2234h，光伏利用小时数 1072h，生物质发电利用小时数 4542h。

2.2.3　消纳情况

2022 年，南方五省区新能源基本实现全额消纳。其中，风电累计利用率 99.87%，光伏累计利用率 99.70%，继续保持全国领先水平。此外，水电装机容量占比高是南方五省区电源装机的主要特点之一。截至 2022 年年底，南方五省区可再生能源（含常规水电及抽水蓄能）并网装机容量 2.33 亿 kW，占总发电装机 53.1%；全年发电量 437 亿 kW·h，占总发电量的 34.3%，发电利用率达 99.83%。

2.3　发展展望

　　根据中国南方电网责任有限公司（以下简称南方电网公司）"十四五"输电网规划最新滚动修编，南方五省区"十四五"期间新增风电、光伏新能源装机容量合计约 1.7743 亿 kW。其中，广东新增风电装机容量 2000 万 kW、光伏装机容量 2000 万 kW；广西新增风电装机容量 1800 万 kW、光伏装机容量 1300 万 kW；云南新增风电装机容量 900 万 kW、光伏装机容量 6400 万 kW；贵州新增风电装机容量 500 万 kW、光伏装机容量 2043 万 kW；海南新增风电装机容量 300 万 kW、光伏装机容量 500 万 kW。

第 3 章

风电

3.1　开发建设

3.1.1　新增装机容量

2022 年，南方五省区风电新增装机容量 390 万 kW。其中，陆上风电新增装机容量 249 万 kW，占风电新增装机容量的 63.8％；海上风电新增装机容量 141 万 kW，占风电新增装机容量的 36.2％。南方五省区风电新增装机容量如图 3-1 所示。

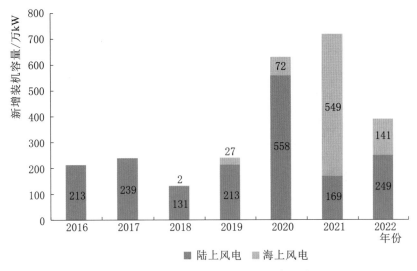

图 3-1　南方五省区风电新增装机容量

自 2022 年，中央财政不再对新建海上风电进行补贴，由地方按照实际情况予以支持。广东省海上风电新增装机容量 141 万 kW，占全国海上风电新增装机容量（515.7 万 kW）的 27％左右。

3.1.2　累计装机容量

2022 年年底，南方五省区风电累计装机容量 3836 万 kW，同比增长 12.0％，增速比上年降低 14.5 个百分点。增速同比回落的原因为 2021 年是海上风电享受中央财政补贴的最后一年，当年投产的海上风电项目较多，拉高了 2022 年基数。分类来看，南方五省区陆上风电装机容量为 3044 万 kW，占风电装机容量的 79.4%。海上风电累计装机容量为 791 万 kW，占南方五省区风电累计装机容量的 20.6%，占全国海上风电累计装机容量（3051 万 kW）的 26%。目前，南方五省区海上风电全部在广东。其中，粤西地区海上风电装机容量为 470 万 kW，粤东地区海上风电装机容量为 247 万 kW，珠三角地区海上风电装机容量为 74 万 kW。广东海上风电装机容量位居全国第二，仅次于江苏。

南方五省区风电累计装机容量及增速如图 3-2 所示。

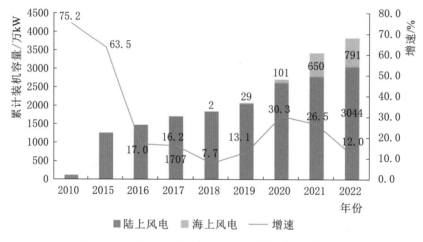

图 3-2　南方五省区风电累计装机容量及增速

南方五省区风电装机容量在电源总装机容量中占比呈逐年增长的趋势，2022 年占比为 8.7%，同比提升 0.2 个百分点。南方五省区风电装机容量占全国风电装机容量的 10.5%，比上年增加 0.1 个百分点。风电装机容量在南方五省区电源总装机容量中的占比如图 3-3 所示。

2022 年年底，广东风电装机容量 1357 万 kW，跃居南方五省区首位。广东风电装机容量占南方五省区风电装机容量的 35.4%，同比上升 0.5 个百分点。广西风电装机容量 946 万 kW，云南 912 万 kW，贵州 592 万 kW，海南 29 万 kW。广西风电装机容量占南方五省区风电装机容量的 24.7%、云南占 23.8%、贵州占 15.3%，海南占 0.8%。南方五省区风电装机情况见表 3-1。

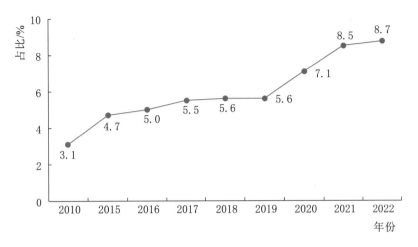

图 3-3　风电装机容量在南方五省区电源总装机容量中的占比

表 3-1　　　　　　　　　南方五省区风电装机情况　　　　　　　单位：万 kW

项目名称	2010 年	2015 年	2016 年	2017 年	2018 年	2019 年	2020 年	2021 年	2022 年
1. 南方五省区小计	121	1255	1468	1707	1838	2078	2708	3445	3836
（1）广东	62	246	268	335	357	443	565	1195	1357
其中：海上风电	0	0	0	0	2	29	101	650	791
（2）广西	0	40	70	150	208	287	653	755	946
（3）云南	34	614	737	825	857	863	881	886	912
（4）贵州	0	323	362	363	386	457	580	580	592
（5）海南	25	31	31	34	29	29	29	29	29
2. 占全国比重/％	3.9	9.8	9.9	10.4	10.0	9.9	9.6	10.4	10.5

3.1.3　累计装机容量占比

广东和广西风电装机容量占本省区电源装机容量的比重呈逐步增长的趋势。2022 年，广东、云南和贵州风电装机容量占本省区电源装机容量的比重为 8％左右，广西风电装机容量占本省区电源装机容量的比重继续提升至 15.1％，超过全国平均水平（14.5％），海南风电装机容量占比处于较低水平。南方五省区风电装机容量占比情况如图 3-4 所示。

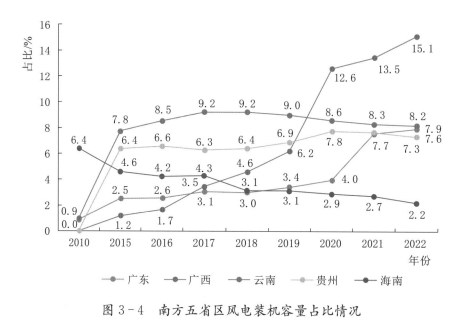

图 3-4　南方五省区风电装机容量占比情况

3.2　运行消纳

3.2.1　发电量

2022年，南方五省区风电发电量795亿kW·h，同比增长24.8%，发电量占全国风电总发电量的10.4%，同比提升0.7个百分点。其中，陆上风电发电量638亿kW·h，海上风电157亿kW·h。南方五省区风电发电量情况见表3-2。

表 3-2　　　　　　　　南方五省区风电发电量情况　　　　　　单位：亿kW·h

项目名称	2010年	2015年	2016年	2017年	2018年	2019年	2020年	2021年	2022年
1. 南方五省区小计	17	180	272	344	397	460	562	637	795
（1）广东	10	42	50	62	64	74	103	137	269
其中：海上风电	—	—	—	—	—	—	—	39	157
（2）广西	0	6	13	25	40	61	106	161	199

续表

项目名称	2010年	2015年	2016年	2017年	2018年	2019年	2020年	2021年	2022年
（3）云南	4	94	149	188	219	242	250	231	214
（4）贵州	0	33	55	63	68	78	97	105	109
（5）海南	2	6	6	6	5	5	6	5	5
2. 占全国比重/%	3.3	9.7	11.3	11.2	10.8	11.3	12.0	9.7	10.4

　　2022年，南方五省区风电发电量占全部电源总发电量的5.4%。广西风电发电量占本省区电源发电总量的比重最高，约为9.8%，云南风电发电量占比为5.3%，贵州风电发电量占比为4.7%，广东风电发电量占比为4.3%，海南风电发电量占比为1.2%。南方五省区风电发电量占比情况如图3-5所示。

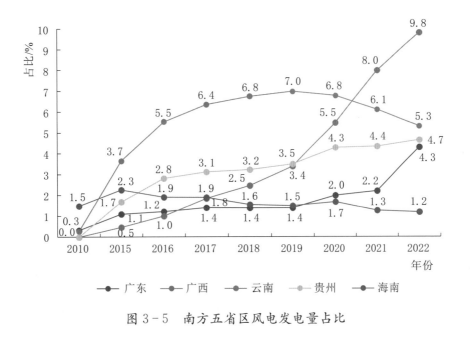

图 3-5　南方五省区风电发电量占比

3.2.2　利用小时数

　　2022年，南方五省区风电平均利用小时数2234h，较2021年增加226h。云南、海南风电利用小时数有所降低，其余省份风电利用小时数增加，广东风电利用小时数增加较多，主要原因是 2021 年海上风电并网装机容量较多，拉低了当年风电利用小时数，2022 年风电利用小时数实现恢复性增长。南方五省区风电利用小时数如图 3-6 所示。

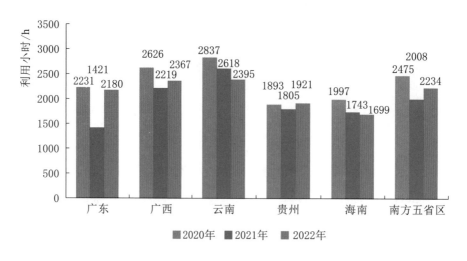

图 3-6　南方五省区风电利用小时数

3.2.3　消纳情况

2022 年，南方五省区风电受限电量为 0.98 亿 kW·h，利用率为 99.87%，广东、云南和贵州风电均有受限电量。其中，广东弃风电量为 0.38 亿 kW·h，云南弃风电量为 0.26 亿 kW·h，贵州弃风电量为 0.33 亿 kW·h。南方五省区风电受限电量和利用率见表 3-3。

表 3-3　　　　　南方五省区风电受限电量和利用率　　　　单位：亿 kW·h

省区	2020 年		2021 年		2022 年	
	受限电量	利用率/%	受限电量	利用率/%	受限电量	利用率/%
广东	0	0	0	100	0.38	99.86
云南	1.5	99.40	0.45	99.81	0.26	99.88
贵州	0.27	99.72	0.52	99.50	0.33	99.70
合计	1.77	99.69	0.97	99.85	0.98	99.87

数据来源：南方电网电力调度中心

3.3 技术发展及成本

3.3.1 单机容量

（1）陆上风电机组容量。国内陆上风机进入 10.X 时代。2023 年 5 月，明阳智能 MYSE10.X—23X 陆上风电机组正式下线，该机组叶轮直径超过 230m，是全球已下线最大叶轮直径陆上风电机组，标志着我国超大型陆上风电机组研发和制造能力达到世界领先水平。MYSE10.X—23X 陆上机组在满发风速下，单台机组转动一圈发电量能达到 21kW·h，年发电量 3500 多万 kW·h。

（2）海上风电机组容量。海上风电 16MW 和 18MW 机组陆续下线和发布。

2022 年 11 月，由三峡集团与金风科技联合研制的 16MW 海上风电机组下线。该机组是目前全球范围内单机容量最大、叶轮直径最大、单位兆瓦重量最轻的风电机组，标志着我国海上风电大容量机组在高端装备制造能力上实现重要突破，达到国际领先水平。该海上风电机组单机容量 16MW，叶轮直径 252m，轮毂高度达 146m，叶片每转动一圈发电量能达到 34kW·h，年发电量 6600 万 kW·h。

2023 年 1 月，明阳智能发布 18MW 全球最大海上风电机组 MySE18.X—28X，叶轮直径超过 280m。

在国内外海上风电平价上网的大背景下，机组大型化成为降低海上风电建设成本、提高经济性收益的重要途径。国内整机厂商纷纷将眼光投向更大兆瓦海上风电机组的研发与应用，加速大兆瓦风机迭代。

3.3.2 机组技术

（1）风机技术。半直驱型技术路线是未来大兆瓦机组的主流技术路线。

风机整机技术路线主要包括直驱、双馈与半直驱。三种技术路线在发电机、齿轮箱、变流器等部件上存在差别，适用于不同应用场景。从实际安装数据来看，7MW以上全部为直驱机型或者半直驱机型，主要原因是海上风电机组运维难度大，可靠性和可用率须放在首位，直驱型机组和半直驱型机组设备可靠性更高，运维成本低，更具有经济性，半直驱型机组比直驱型机组发电机转速更高，可以更小的重量实现所需功率。2023年4月，明阳智能完成目前全球风轮直径最大、单机容量最大的抗台风半直驱海上风电机组实现并网测试。风电单机容量达到12MW，叶轮直径为242m，轮毂中心高145m，叶片每转一圈发电量能达到25kW·h，年发电量达4500万kW·h。

（2）最低风速风机技术。我国低风速开发潜力巨大，开发低风速区风场是我国风电发展的重点方向之一。国内主流整机厂商已陆续推出针对低风速风区的适用机型。根据2022年低风速海上风电公开定标机型订单，远景EN—226/8.5智能风机是低风速海域公开招标获单最多机型，其单位千瓦扫风面积更大，风能捕获效率更高，EN—226/8.5机组单位千瓦扫风面积近 $4.8m^2/kW$，较 EN—200/7 机组增大5%，发电量提升明显。

3.3.3 工程造价

（1）陆上风电造价。风电场单位千瓦造价，与风电场总装机容量、风机单机容量大小、叶片长度及安装地区有关。风电场总装机容量增加、风机单机容量越大、叶片越长，单位千瓦造价越低；地势平坦的平原地区和建设条件较好的戈壁滩，单位千瓦造价也低。2020年下半年以来，主要装备风机的价格持续下降。2021年我国陆上风电项目平均造价降至7100元/kW，部分地区已低于6000元/kW。根据水利部水电水利规划设计总院统计，2022年，我国单位千瓦造价陆上风电平稳下降，集中式平原、山区地形风电项目单位千瓦造价分别约为5800元、7200元❶。

（2）海上风电造价。不同省份海风达到平价的建设成本差异较大。由于

---

❶　数据来源：中国可再生能源发展报告2022。

风资源、海床条件不同造成的施工难度差异化，以及不同省份上网电价的不同，沿海各省海风达到平价的建设成本差异较大。2022 年 8 月，第二届海上风电创新发展大会上发布的相关数据，山东、江苏、浙江海风达到平价的建设成本预计在 1.0 万～1.2 万元/kW，福建 1.3 万～1.45 万元/kW，广东 1.2 万～1.6 万元/kW，海南 1.1 万～1.25 万元/kW。在风力发电机等快速降本的推动作用下，山东、浙江等个别项目建设成本已基本实现平价。

海上风电整体距离平价上网仍有一段距离。海上风力发电机降本空间幅度有限，海上风电想要在平价的同时实现可持续发展，需要产业链其他环节协同降本。目前除风机外，主要降本有施工、设计、勘测、多产业融合发展等，这些环节预计还需 40% 以上的降本，海上风电才能实现平价。

3.3.4　度电成本

（1）陆上风电度电成本。根据国际可再生能源署（IRENA）的统计数据，2022 年，全球陆上风电项目平准化度电成本（LCOE）为 33 美元/（MW·h），同比下降 5.0%。

根据中国可再生能源学会风能专业委员会（CWEA）的统计数据，2022 年，我国陆上风电项目 LCOE 水平为 0.14 元/（kW·h），基本实现与新建燃煤电厂同价。我国陆上风电平准化度电成本情况如图 3-7 所示。

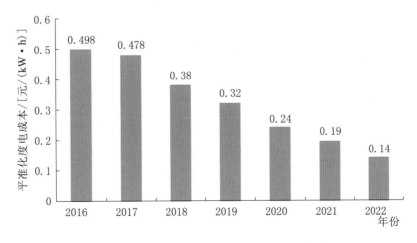

图 3-7　我国陆上风电平准化度电成本

（2）海上风电度电成本。根据国际可再生能源署（IRENA）的统计数据，2022年，全球海上风电项目平准化度电成本（LCOE）为82美元/（MW·h），同比增长2.0%，成本上升可能与部分地区大宗商品价格上涨、供应链中断等因素有关。

根据中国可再生能源学会风能专业委员会（CWEA）的统计数据，2022年我国海上风电LCOE降至0.33元/（kW·h），与上年0.47~0.55元/（kW·h）的水平相比，下降了近40%。

3.4 发展展望

2010年以来，我国风电产业技术创新能力不断提升，依托规模化开发和技术进步，风电开发的经济性大幅提升。陆上风电平准化度电成本降幅超过65%，基本与燃煤电厂同价，海上风电平准化度电成本降幅超过55%，预计在"十四五"期末实现平价。

"十四五"期间的前两年，南方五省区风电新增装机1128万kW，已完成"十四五"规划新增装机目标的21%。其中，广东完成率约为40%，其余四省区计划完成率还有待提升。为达成既定的风电装机发展目标，预计南方五省区各省级政府将推动风电技术和开发模式创新，进一步简化项目备案和并网流程，破除体制、机制障碍，加强土地等要素保障，加快推动分散式风电、集中式风电等各类风电项目装机容量增长。

《农村能源革命试点县建设方案》《工业领域碳达峰实施方案》明确，将充分利用农村地区空间资源开发分散式风电，引导企业、园区加快分散式风电建设。随着"千村万乡驭风行动"开展，分散式风电将成为开发新热点。未来，分散式风电将逐渐与集中式风电、海上风电一道成为拉动风电开发的"三驾马车"。

第 4 章

光伏发电

4.1 开发建设

4.1.1 新增装机容量

2022 年，南方五省区光伏新增装机容量 1349 万 kW。其中，集中式光伏新增 950 万 kW，占光伏新增装机容量的 70.4%；分布式光伏新增装机容量 399 万 kW，占光伏新增装机容量的 29.6%。南方五省区光伏发电新增装机容量如图 4-1 所示。

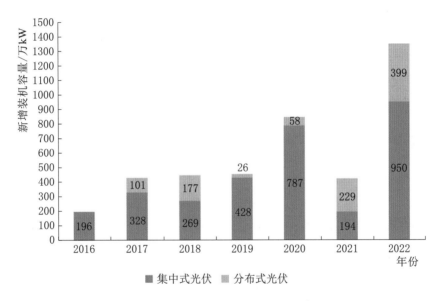

图 4-1 南方五省区光伏发电新增装机容量

4.1.2 累计装机容量

2022 年年底，南方五省区光伏发电累计装机容量 4362 万 kW，同比增长 44.8%，占全国光伏发电装机的 11.1%，同比提高 1.3 个百分点。其中，集中式光伏装机为 3312 万 kW，同比增长 40.2%，占光伏总装机的 75.9%。分布式光伏装机为 1050 万 kW，同比增长 61.4%，增速高于集中式光伏 21.1 个百分点。南方五省区光伏发电累计装机容量及增速如图 4-2 所示。

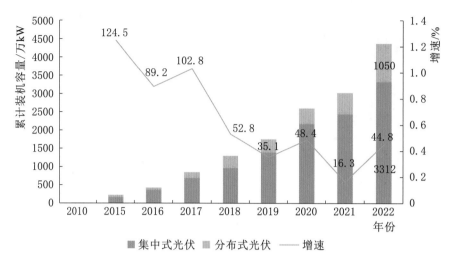

图4-2 南方五省区光伏发电累计装机容量及增速

2022年年底，广东光伏发电装机容量1590万kW，跃居五省区首位。广东光伏发电装机容量占南方五省区风电装机容量的36.5%。广西光伏发电装机容量520万kW，云南585万kW，贵州1420万kW，海南246万kW。广西光伏发电装机容量占南方五省区光伏发电装机容量的11.9%、云南占13.4%、贵州占32.6%，海南占5.6%。南方五省区光伏发电装机容量情况见表4-1。

表4-1　　　　　南方五省区光伏发电装机容量情况　　　单位：万kW

项目名称	2010年	2015年	2016年	2017年	2018年	2019年	2020年	2021年	2022年
1. 南方五省区小计	2	220	416	845	1291	1745	2590	3012	4362
（1）广东	0	62	117	332	527	610	797	1020	1590
（2）广西	0	12	16	96	124	135	205	312	520
（3）云南	2	117	208	238	326	350	388	397	585
（4）贵州	0	3	46	135	178	510	1057	1137	1420
（5）海南	0	26	29	43	136	140	143	147	246
2. 占全国比重/%	7.7	5.3	5.4	6.5	7.4	8.5	10.2	9.8	11.1

4.1.3　累计装机容量占比

光伏发电在南方五省区各省电源装机容量中的占比持续上升。2022年，广东光伏发电装机占本省区电源总装机的 9.3%，同比上升 2.8 个百分点；

广西光伏发电装机占本省区电源总装机的 8.3%，同比上升 2.7 个百分点；

云南光伏发电装机占本省区电源总装机的 5.3%，同比上升 1.5 个百分点；

贵州光伏发电装机占本省区电源总装机的 17.6%，同比上升 2.5 个百分点；

海南光伏发电装机占本省区电源总装机的 18.8%，同比上升 4.9 个百分点。

南方五省区光伏发电装机占比情况如图 4-3 所示。

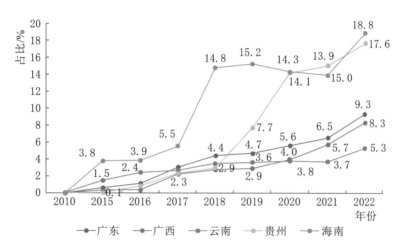

图 4-3　南方五省区光伏发电装机容量占比情况

4.2　运行消纳

4.2.1　发电量

2022 年，南方五省区光伏发电量 365 亿 kW·h，同比增长 30.0%，占全国光伏发电量的 8.5%。其中，广东光伏发电量最高，达 135 亿 kW·h，同比增长 31.4%；广西光伏发电量 43 亿 kW·h，同比增长 52.8%；贵州、海南光伏发电量分别为 110 亿 kW·h、22 亿 kW·h，同比分别增长 33.1%、37.0%；云南光伏发电量 55 亿 kW·h，同比增长 8.3%。

南方五省区光伏发电量情况见表 4-2。

表 4－2　　　　　　　南方五省区光伏发电量情况　　　单位：亿 kW•h

项目名称	2010 年	2015 年	2016 年	2017 年	2018 年	2019 年	2020 年	2021 年	2022 年
1. 南方五省区小计	0.12	13	36	61	94	147	201	281	365
（1）广东	0	4	8	20	30	53	74	103	135
（2）广西	0	0	1	4	9	14	17	28	43
（3）云南	0.12	6	23	28	33	47	50	51	55
（4）贵州	0	0	1	6	16	20	45	83	110
（5）海南	0	3	3	3	6	14	15	16	22
2. 占全国比重	9.5%	3.5%	5.5%	5.2%	5.3%	6.6%	7.7%	8.6%	8.5%

2022 年，南方五省区光伏发电量占其总发电量的比重为 2.4%，同比上升 0.5 个百分点。其中，贵州、海南光伏发电量占本省区电源发电量的比重同比提高 1.3 个百分点。南方五省区光伏发电量占比情况如图 4－4 所示。

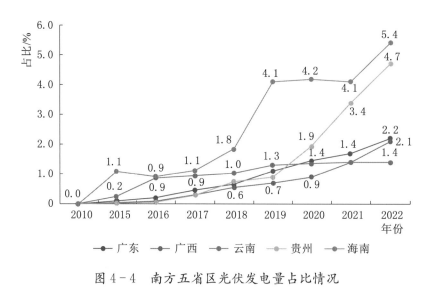

图 4－4　南方五省区光伏发电量占比情况

4.2.2　利用小时数

2022 年，南方五省区光伏发电利用小时数 1072h，略低于去年，低于全国平均水平 265h。其中，广东、广西、云南利用小时数低于去年；贵州、海南利用小时数小幅上升。南方五省区光伏发电利用小时数如图 4-5所示。

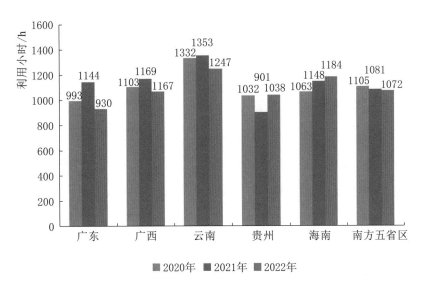

图 4-5　南方五省区光伏发电利用小时数

4.2.3　消纳情况

2022 年，南方五省区光伏因系统原因受限电量为 9431 万 kW·h，利用率为 99.70%。因系统原因受限主要集中在云南、贵州地区，受限时段主要发生在 3 月、6 月、7 月及 11 月，受限原因主要包括断面或通道受限等。南方五省区光伏发电受限电量和利用率情况见表 4-3。

表 4-3　　　　南方五省区光伏发电受限电量和利用率情况　　单位：亿 kW·h

省区	2020 年		2021 年		2022 年	
	受限电量	利用率/%	受限电量	利用率/%	受限电量	利用率/%
广东	0	100	0.07	99.93	0.05	99.94
广西	0	100	0	100	0	100
云南	0.25	99.50	0.11	99.76	0.21	99.58
贵州	0.29	99.36	0.32	99.61	0.69	99.34
海南	0	100	0	100	0	100
合计	0.53	99.74	0.50	99.82	0.94	99.70

4.3 技术发展及成本

4.3.1 技术方面

硅片大尺寸化进程持续推进。2022年，156.75mm、166mm尺寸占比分别由2021年的5%、36%下降至0.5%、15.5%；182mm和210mm尺寸合计占比由2021年的45%迅速增长至82.8%，未来其占比仍将快速扩大。

n型电池市场占比显著增大。2022年，采用PERC技术的p型单晶电池仍占据市场主导地位，其平均转换效率达到23.2%，较2021年提高0.1个百分点。与此同时，采用TOPCon、异质结等技术的n型电池平均转换效率均有较大提升，分别达到24.5%、24.6%。随着2022年下半年部分n型电池片产能陆续释放，其市场占比合计约为9.1%。其中，n型TOP-Con电池片市场占比约为8.3%。

双面组件市场占比接近一半。2022年，随着下游应用端对于双面组件发电增益的认可，双面组件市场占比达到40.4%。预计到2024年，双面组件将超过单面组件成为市场主流。

未来主流逆变器类型仍有较大不确定性。2022年，光伏逆变器市场仍然以组串式逆变器和集中式逆变器为主，集散式逆变器占比较小，但仍是值得关注的技术路线之一。其中，组串式逆变器市场占比为78.3%；集中式逆变器市场占比为20%；集散式逆变器市场占比约为1.7%。受应用场景变化、技术进步等多种因素影响，未来不同类型逆变器市场占比变化的不确定性较大。

4.3.2 成本造价[1]

2022年，硅料价格持续高涨导致光伏建设成本下降不及预期。我国地面

---

[1] 数据来源：2022—2023年中国光伏产业发展路线图。

光伏系统的初始全投资成本为 4.13 元/W 左右，较 2021 年仅降低了 0.02 元/W。其中组件约占投资成本的 47.09%，占比较 2021 年上升 1.09 个百分点。非技术成本约占 13.56%（不包含融资成本），较 2021 年下降了 0.54 个百分点。工商业分布式光伏系统初始投资成本为 3.74 元/kW，与 2021 年持平。2023 年，随着产业链各环节新建产能的逐步释放，组件效率稳步提升，整体系统造价有望显著降低。

2022 年，全投资模型下地面光伏电站在 1800h、1500h、1200h、1000h 等效利用小时数的平准化度电成本（LCOE）分别为 0.18 元/(kW·h)、0.22 元/(kW·h)、0.28 元/(kW·h)、0.34 元/(kW·h)。分布式光伏发电系统的 LCOE 分别为 0.18 元/(kW·h)、0.21 元/(kW·h)、0.27 元/(kW·h)、0.32 元/(kW·h)，在全国大部分地区具有经济性。不同等效利用小时数下的平准化度电成本如图 4-6 所示。

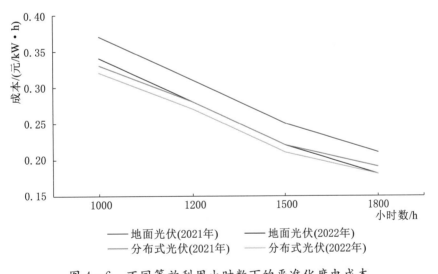

图 4-6 不同等效利用小时数下的平准化度电成本

4.4 发展展望

南方五省区光伏建设仍将维持集中式与分布式并举的发展格局。预计 2023 年，随着第一批大型风电光伏基地项目陆续投产，大型地面电站的装机占比将重新超过分布式。截至 2023 年 8 月，南方五省区 6 个第一批大型风电光伏基地项目已开工项目占比达 97.9%，其中涉及光伏发电装机规模 1120.85 万 kW。分布式市场方面，整县推进及其他工商业分布式和户用光伏建设将继续支撑分布式光伏发电市场，虽然占比下降，但装机总量仍将呈现上升态势。

随着技术进步以及规模化效益带来的关键设备成本下降，光伏系统造价仍有一定下降空间。预计到"十四五"末地面光伏系统初始全投资将降至 3.40 元/W 左右，工商业分布式光伏系统初始全投资将降至 3.00 元/W 左右。

南方五省区光伏建设"十四五"规划见表 4-4。

表 4-4　　　　　　南方五省区光伏建设"十四五"规划　　　　单位：万 kW

发展规划	广东	广西	云南	贵州	海南	南方五省区
新增规模	3700	2435	6428	1901	500	14964
年均新增	740	487	1286	380	100	2993
年均增速	43%	78%	79%	30%	29%	42%

南方五省区"十四五"光伏装机规模预测如图 4-7 所示。

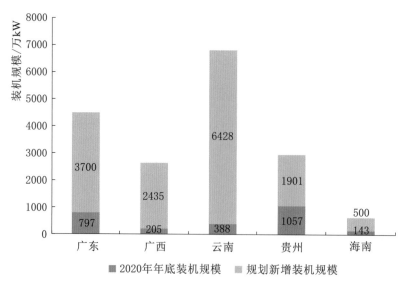

图 4-7　南方五省区"十四五"光伏装机规模预测

第 5 章

生物质发电

5.1 开发建设

5.1.1 新增装机容量

2022 年，南方五省区生物质发电新增装机容量 119 万 kW，同比减少 51 万 kW。广东生物质发电装机容量新增较多，新增装机容量 54 万 kW，广西、贵州分别新增装机容量 33 万 kW 和 20 万 kW，以上三省区新增装机规模占南方五省区新增装机容量的 89.9%。南方五省区生物质发电新增装机容量如图 5-1 所示。

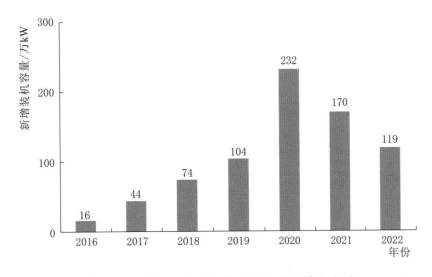

图 5-1 南方五省区生物质发电新增装机容量

5.1.2 累计装机容量

（1）南方五省区。截至 2022 年年底，南方五省区生物质发电装机容量 860 万 kW，同比增长 13.6%，占全国生物质发电装机容量比重由 2010 年的 6.1% 提高到 20.8%。南方五省区生物质发电累计装机容量及增速如图 5-2 所示。

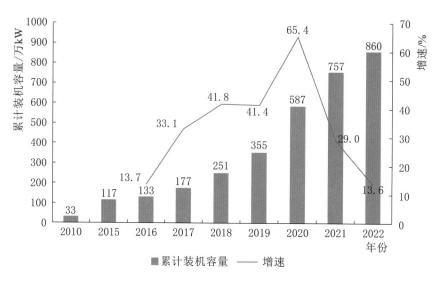

图 5-2 南方五省区生物质发电累计装机容量及增速

（2）各省。广东、广西仍为生物质装机容量的主力。2021年年底广东生物质发电装机容量422万kW，居南方五省区首位，占南方五省区生物质发电装机容量的49.1%；广西生物质发电装机容量251万kW，在南方五省区生物质发电装机容量的占比为29.2%。广东、广西生物质发电装机容量占比接近80%。云南生物质发电装机容量66万kW，贵州生物质发电装机容量为63万kW，海南生物质发电装机容量为59万kW。南方五省区生物质装机容量情况见表5-1。

表 5-1　　　　　　　南方五省区生物质装机容量情况　　　　　　单位：万kW

项目名称	2010年	2015年	2016年	2017年	2018年	2019年	2020年	2021年	2022年
1. 南方五省区小计	33	117	133	177	251	355	587	757	860
（1）广东	21	80	91	122	165	252	287	377	422
（2）广西	3	14	20	25	44	54	202	225	251
（3）云南	9	12	12	12	13	17	19	61	66
（4）贵州	0	3	3	10	21	21	35	42	63
（5）海南	1	8	8	8	8	10	44	52	59
2. 占全国比重/%	6.1	10.5	10.9	12.0	14.1	15.7	19.9	19.9	20.8

（3）累计装机容量占比。从整体上看，2022年，南方五省区生物质发

电装机容量占全部电源装机容量的比重为 2.0%，同比提升 0.1 个百分点。其中，广东生物质发电装机容量占本省区电源装机容量的比重为 2.5%，同比提升 0.1 个百分点；广西的生物质发电装机容量占比为 4.0%，同比下降 0.1 个百分点；海南的生物质发电装机容量占比为 4.5%，同比下降 0.4 个百分点；在云南、贵州生物质发电装机容量占比在 1% 以下。

与全国平均水平进行对比，除云南和贵州外，其他三省区生物质占比均高于全国平均水平。南方五省区生物质发电装机容量占比情况如图 5-3 所示。

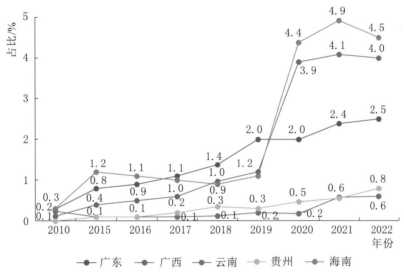

图 5-3　南方五省区生物质发电装机容量占比情况

5.2　运行消纳

5.2.1　发电量

2022 年，南方五省区生物质发电量 369 亿 kW·h，同比增长 10.5%，占南方五省区总发电量的 2.5%，高于全国平均水平（2.1%）。其中，广东生物质发电量 216.7 亿 kW·h，占南方五省区生物质总发电量的 58.7%。南方五省区生物质发电量情况如图 5－4 所示。

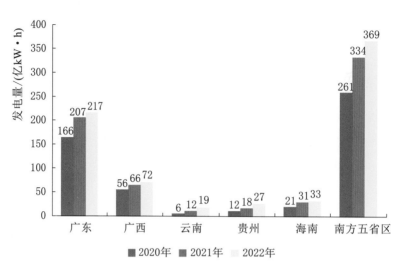

图 5－4　南方五省区生物质发电量情况

5.2.2　利用小时数

2022 年，南方五省区生物质发电利用小时数 4542h，比 2021 年降低 22h。其中，广东、海南的生物质发电利用小时数较高，分别为 5575h、5974h；广西、云南、贵州的生物质发电利用小时数分别为 2938h、2958h、4823h。

5.3　技术发展

5.3.1　技术方面

生物质发电技术逐步发展完善。生物质发电有直接燃烧、共燃、气化三类较为成熟的技术。

（1）直接燃烧将生物质作为发电唯一燃料，技术成本低且利用量大，但平均发电效率较低，目前各省区主要在有稳定生物质原料来源的制糖厂和林木加工企业使用直燃生物质发电技术。

（2）共燃是指以生物质代替部分煤的改进发电技术，目前生物质的替代比例通常是 5%～40%，当替代比例达到 35% 时效率可与全煤燃烧相当，共燃发电利用大型电厂混燃发电，仅需小范围改造发电厂设备，能够利用大型电厂的规模经济，热效率高，可节省投资，国内混燃技术处于起步阶段。

（3）气化是利用生物质加热直接形成可燃气体的燃烧发电技术，该类可燃气体可在联合循环电力生成系统中使用，且气化发电技术的能量转化效率可达 60%，技术可靠且运行成本低廉，适合农村偏远分散地区使用。

5.3.2 项目成本

1. 工程造价

不同类型生物质项目单位千瓦平均造价差异较大。农林生物质发电项目单位千瓦造价约 8000 元，成本构成以热力系统和燃料供应为主；城市生活垃圾焚烧发电项目单位日吨垃圾处理规模造价约 50 万元，成本构成以焚烧和余热系统为主；生物天然气成本较高，日万标立方米生产规模造价约 1.1 亿元，成本构成以发酵系统为主。

2. 度电成本

生物质发电度电成本趋于平稳。生物质发电的成本较高，度电成本下降空间和幅度低于其他能源品种。农林生物质发电项目平均度电成本 0.45～0.55 元/(kW·h)，垃圾焚烧发电项目平均度电成本 0.6～0.7 元/(kW·h)，填埋气发电、沼气发电项目平均度电成本 0.5～0.65 元/(kW·h)。

5.4 发展展望

"十四五"期间南方五省区新增的生物质发电主要集中在广东、广西和贵州。预计到 2025 年年底，南方五省区生物质发电累计装机容量将达到 1155 万 kW。南方五省区生物质发电装机容量预测如图 5-5 所示。

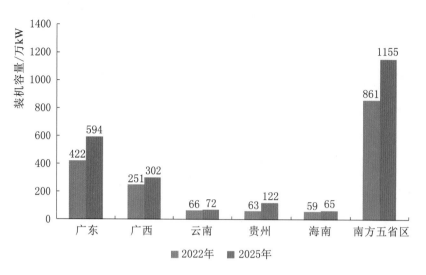

图 5-5　南方五省区生物质发电装机容量预测

生物质发电受地方政策影响，将从快速增长向高质量发展转变。《2021年生物质发电项目建设工作方案》明确，未来生物质发电并网项目补贴资金实行央地分担，按东部、中部、西部和东北地区合理确定不同类型项目中央财报支持比例。预计到"十四五"时期末，新建生物质发电项目电价补贴将全部由地方承担，生物质发电发展规模受地方政策影响将愈加显著。未来新开工生物质发电项目将分类开展竞争配置，有效促进生物质发电技术进步和成本下降，推动生物质发电从快速增长向高质量发展转变。

生物质发电装机增速有望持续增加，热电联产为生物质发电提供新的增长空间。在"双碳"目标助力下，各地方政府和发电集团将积极推动生物质发电项目开发，生物质发电发展空间巨大。2021年2月，国家能源局发布《关于因地制宜做好可再生能源供暖相关工作的通知》（国能发新能〔2021〕3号），提出"因地制宜加快生物质发电向热电联产转型升级同等条件下，生物质发电补贴优先支持生物质热电联产项目"，为生物质热电联产项目的开发建设创造了有利条件。未来三年，在国家相关政策支持下，生物质发电装机将继续增加，热电联产项目将为生物质发电提供新的增长空间。

生物质发电发展规划将加快完善，逐步推动生物质发电市场化。生物质发电不仅能提供稳定可靠的可再生能源电力，还能为电力系统提供调峰服务，是我国能源转型的重要力量。需加快完善国家生物质发电发展规划，以明确生物质发电的发展原则和目标，更有效地指引生物质发电发展。未来生物质发电补贴将逐步退坡，市场化是促进生物质发电高质量发展的重要方式，需制定并逐步完善生物质发电市场化相关政策，推动生物质发电市场化。

第 6 章

新能源并网电价与市场交易

6.1　新能源并网电价

6.1.1　南方五省区新能源并网电价现状

南方五省区风电、光伏、生物质等主要新能源上网电价，与全国基本一致，经历了并网电价加财政补贴逐渐过渡到平价上网的过程。

2021 年，国家发展改革委印发的《关于 2021 年新能源上网电价政策有关事项的通知》明确，对新备案集中式光伏电站、工商业分布式光伏项目和新核准陆上风电项目，中央财政不再补贴，实行平价上网，按当地燃煤发电基准价执行。

2022 年，国家发展改革委价格司下发《关于 2022 年新建风电、光伏发电项目延续平价上网政策的函》。文件提出，新建风电、光伏发电项目电价继续保持与 2021 年相同的价格政策。具体而言，对新核准陆上风电项目、新备案集中式光伏电站和工商业分布式光伏项目，延续平价上网政策，上网电价按当地燃煤发电基准价执行；新建项目可自愿通过参与市场化交易形成上网电价，以充分体现新能源的绿色电力价值。

1. 广东

根据国家相关政策，自 2021 年起，广东对新备案集中式光伏电站、工商业分布式光伏项目等，不再补贴，实行平价上网，上网电价为燃煤发电基准价 0.453 元/(kW·h)，但海上风电等部分项目仍可以申请补贴。

2021 年 6 月，广东省人民政府办公厅印发《促进海上风电有序开发和相关产业可持续发展实施方案》。该文件明确海上风电补贴范围为 2018 年年底前已完成核准、2022—2024 年全容量并网的省管海域项目；补贴标准为 2022 年全容量并网项目补贴 1500 元/kW，2023 年补贴标准为 1000 元/kW，2024 年补贴标准为 500 元/kW。文件同时明确，2025 年起并网的项目不再补贴，并且鼓励相关地市政府配套财政资金支持项目建设和产业发展。

2. 云南

2023年4月，云南省发展改革委、云南省能源局下发《关于云南省光伏发电上网电价政策有关事项的通知》。该文件提出新增合规光伏发电项目全电量纳入市场统筹，其中2021年1月1日至2023年7月31日全容量并网的，上网电量执行燃煤发电基准价；2023年8月1日—2023年12月31日全容量并网的，月度上网电量的80%执行燃煤发电基准价，月度上网电量的20%可选择自主参与清洁能源市场化交易或执行清洁能源市场月度交易电价。已发电但未全容量并网的，月度上网电量暂按清洁能源市场月度交易均价结算，待全容量并网后，根据全容量并网时间对差额部分进行清算。同时，2023年4月30日前清洁能源市场月度交易均价与执行燃煤发电基准价之间的差额，暂由电力成本分担机制进行疏导。5月1日—12月31日的差额，85%暂由电力成本分担机制承担，15%由用户承担，用户分担金额超过0.02元/（kW·h）的部分由电力成本分担机制承担。

2023年8月，云南省发展改革委、能源局发布《进一步完善风电上网电价政策有关事项的通知》。该文件提出，新增合规风电项目全电量纳入市场统筹，参与市场化交易。2021年1月1日—2023年12月31日全容量并网的，月度上网电量的60%在清洁能源市场交易均价基础上补偿至省燃煤发电基准价；月度上网电量的40%按照清洁能源参与市场规则进行交易和结算。已发电但未全容量并网的，月度上网电量暂按清洁能源参与市场规则进行结算，待全容量并网后，根据全容量并网时间对差额部分进行清算。在电价疏导方式上，清洁能源市场月度交易均价与风电执行燃煤发电基准价部分之间的差额，由电力成本分担机制进行疏导。在电力成本分担机制管理办法出台前，暂使用调节资金进行支付，其他电价政策中涉及电力成本分担机制的参照执行。

6.1.2 新能源并网电价的发展趋势

2020年1月，财政部、国家发展改革委、国家能源局印发《关于促进非水可再生能源发电健康发展的若干意见》，明确新增海上风电和光热项目不再纳入中央财政补贴范围，按规定完成核准（备案）并于 2021 年 12 月 31 日前全部机组完成并网的存量海上风力发电和太阳能光热发电项目，按相应价格政策纳入中央财政补贴范围。这意味着，自 2022 年起，我国海上风电项目不再纳入中央财政补贴范畴，海上风电开发进入地方补贴接力时期。

2021 年 6 月，国家发展改革委发布《国家发展改革委关于 2021 年新能源上网电价政策有关事项的通知》（发改价格〔2021〕833 号），明确 2021 年起，对新备案集中式光伏电站、工商业分布式光伏项目和新核准陆上风电项目，中央财政不再补贴，实行平价上网；2021 年新建项目上网电价，按当地燃煤发电基准价执行；新建项目可自愿通过参与市场化交易形成上网电价，以更好体现光伏发电、风电的绿色电力价值；2021 年起，新核准（备案）海上风电项目、光热发电项目上网电价由当地省级价格主管部门制定，具备条件的可通过竞争性配置方式形成。目前光伏以及陆上风电均已实现平价上网，上网电价按当地燃煤发电基准价执行。

6.2　新能源参与电力市场情况

新能源将成为电力市场中重要主体。2022 年 1 月，国家发展改革委、国家能源局印发的《关于加快建设全国统一电力市场体系的指导意见》明确，到 2030 年新能源全面参与市场交易。

新能源参与电力市场的机制仍在探索建设当中。2022 年，广州电力交易中心联合南方区域各省级电力交易中心印发《南方区域绿色电力交易规则（试行）》，首创绿色电力认购交易形式，为电网代购电用户购买绿色电力提供新途径。广东、广西、贵州、海南出台省内交易细则和方案，建立统一的绿证与绿电消费凭证的核发机制，实现绿色电力全生命周期溯源。2022 年 6 月，广州电力交易中心联合广东、广西、昆明、贵州、海南电力交易中心共同举办绿色电力"双证"颁证仪式。

风光市场化交易电量稳步增长。2022 年，南方区域省内风电、光伏市场化交易电量 287.6143 亿 kW·h，其中风电 242.9 亿 kW·h，光伏 44.7143 亿 kW·h。从各省区情况看，广东、广西、云南风光发电参与市场交易，贵州光伏参与市场交易，海南光伏参与绿电认购交易。南方五省区风电、光伏市场化交易电量如图 6-1 所示。

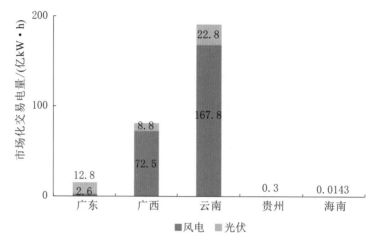

图 6-1　南方五省区风电、光伏市场化交易电量

绿色电力交易同比大幅增长。2022 年南方五省区累计成交绿色电力约 38.3 亿 kW·h，同比增长 280%，环境溢价约 6.3 分/(kW·h)，其中绿电直接交易 38.1 亿 kW·h，绿电认购交易 0.2 亿 kW·h。从各省区情况看，广东 15.60 亿 kW·h，广西 22.30 亿 kW·h，云南 0.02 亿 kW·h，贵州 0.47 亿 kW·h，海南 0.01 亿 kW·h。南方五省区绿色电力成交电量如图 6-2 所示。

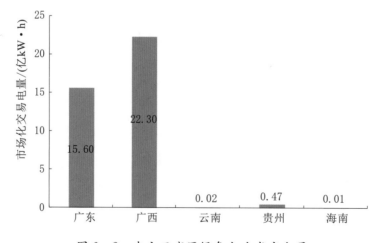

图 6-2　南方五省区绿色电力成交电量

（1）广东。《中共中央　国务院关于进一步深化电力体制改革的若干意见》（中发〔2015〕9 号）之后，广东省率先成为全国首批售电侧改革试点省份，经过 2015—2018 年中长期电力市场建设，形成了以年度长协交易为主、月度竞价交易为辅的中长期电力市场，并尝试了高低配对、统一出清等多种竞价模式，为我国电力市场建设积累了大量的经验，是国内电力市场运行最为成熟的大体量市场。

在电力现货市场建设方面，南方区域（以广东起步）现货市场于 2019 年在全国率先启动按日、按周结算试运行，分别于 2020 年 8 月、2021 年 5 月完成按月结算试运行，2021 年 11 月启动连续结算并持续至今。2016 年 3 月，两个国家级的电力交易中心——北京电力交易中心和广州电力交易中心正式揭牌成立。两家交易中心的成立旨在进一步探索跨省跨区交易、降低电力交易成本和实现电力资源配置的最优化，是对电力交易机制的重要探索。同年，广东省启动现货市场的研究与建设，在全国首次引入售电公司参与市场交易。2017 年 8 月份，电力体制改革迈入电力现货市场交易试水期，国家发展改革委和国家能源局正式启动南方（以广东起步）等 8 个试点建设。

2022 年 12 月，广东电力交易中心印发《广东新能源试点参与电力现货市场交易方案》和《广东电力中长期分时段交易实施方案》，前者提出，要试点开展新能源发电主体参与现货市场交易，发挥市场发现价格的作用，建立健全价格形成和偏差结算等机制，引导风电、光伏电站优化规划布局建设和运行；后者提出，要促进市场形成有效的分时电价信号，实现价格信号更好与现货市场衔接，进一步拉大市场峰谷价差。2023 年年初，广东省新能源首次进入电力现货市场运行并结算。

（2）广西。2016 年 5 月，国家能源局批复同意广西壮族自治区开展电力体制改革综合试点，广西正式开启电力市场建设。广西电力市场先后推出年度交易、月度交易、增量交易、合约转让交易、跨省（区）交易等 5 类共 11 个交易品种。参与电力直接交易的发电主体为火电、核电，水电以及风电光伏可参与发电权转让交易。随着国家电力体制改革的不断深入，南方电网区域电力现货市场建设的推进，2023年8月，广西发展改革委发布《完善广西能源绿色低碳转型体制机制和政策措施的实施方案》，其中提到，做好可再生能源绿色电力证书全覆盖工作，建设完善绿色电力交易市场，逐步建立绿色电力参与市场的长效机制，构建"电网＋绿电＋绿证"的绿电供应体系。鼓励全社会优先使用绿色能源和采购绿色产品及服务，公共机构应当作出表率，促进绿色电力消费。鼓励区内各类销售平台制定绿色低碳产品消费激励办法，通过发放绿色消费券、绿色积分、直接补贴、降价降息等方式激励绿色消费。建立电能替代推广机制，鼓励以合同能源管理等市场化方式开展电能替代，落实相关标准等要求，加强对电能替代的技术指导。

2022年，广西进一步放开发用电计划，推动燃气、风电、光伏等发电主体参与市场，交易周期不断缩短，交易品种持续丰富，首次开展月内交易、绿色电力交易和需求响应交易。

（3）云南。云南省2016年完成交易中心股份制改造，从2016年起，云南省的风电、光伏进入电力市场化交易。2017年成为全国首批综改及输配电改革试点，2019年全面放开经营性电力用户进入电力市场，属于国内电力市场改革开展较早、政策导向良好、实践经验丰富的省份。目前，电力交易市场化率达到60％、参与主体数量超过3万户，昆明电力交易中心是全国范围内电网持股比最低的一家，在机构独立运营、调度与交易职责划分及信息交互等方面进行了有益探索。

在电力市场建设过程中，云南省自2014年起探索富余水电市场化消纳方法。2013—2014年，澜沧江、金沙江流域的大型梯级水电站集中投产发电，云南省的电力供应过剩，弃水现象严重。为缓解这一现象，云南电力交易中心（昆明电力交易中心的前身）组织了最初的电力批发交易市场，9家水电厂和214家工业电力大用户可以在丰水季以双边协商或集中撮合的模式进行电力交易。2015年，新增月度挂牌交易方式，月度用户可在交易平台挂出需求电量和电价，符合准入条件的水电厂作为售电主体申报摘牌电量。

2016 年，云南对市场化交易实施方案进行了较大改进：引入预招标、事前合约转让（互保）、事后合约转让、日前交易等新品种，自此形成以中长期交易为主、短期交易为辅助的多周期多品种协同交易体系。2017 年，云南将原先的年度双边协商交易扩展为年度与月度双边协商交易，购售电主体除可以在上年 12 月协商年度（多年）的交易电量外，还可参与每月组织的次月月度协商交易。2018 年增加了月度补充双边交易和月度集中连续挂牌交易，同时在月度双边交易中可以签订申报后续若干月度的电量。2019 年，云南对交易品种进行了精简和优化：取消了补充双边交易，将挂牌交易中的补充挂牌去除，并将集中撮合简化为挂牌交易内的一个步骤，统称连续挂牌；将日前交易方式规范为规范效率更高的连续挂牌模式。2020 年交易品种基本保持不变。

在发电侧市场放开方面，2014 年仅有 2004 年后投产且单机容量在 10 万 kW 以上的 9 家水电厂参与电力市场，2015 年放开 220kV 以上的全部火电厂和水电厂（2004 年后投产）参与电力市场，但各电厂均设有部分基数电量；2016 年取消市场化电厂的基数电量，全电量参与市场化交易（具备年调节能力的水电厂设置调节电量）；2017 年放开风电、光伏电站（枯期 1/4 电量参与）和 110kV 省地共调水电厂参与电力市场；2018 年放开风电、光伏电站枯期全电量参与电力市场；2019 年放开地调调管的 110kV 小水电参与电力市场。

云南省目前已全面放开风电、光伏全电量参与电力市场。针对新能源发电波动性大、可调节性能差等特点，云南设计了"多能源互补、多系统配合、多市场消纳"的新能源市场化交易机制。

针对风电出力波动大导致的预测偏差问题，建立事前、事中、事后全覆盖的多品种配合消纳机制。市场主体可选择在事前通过合约转让调整年度、月度预测偏差，事中通过日前交易调整短期波动偏差，事后通过合约转让交易调整实际执行偏差，有效化解风电的偏差考核风险。为避免风电出力波动造成市场波动，制定时序递进优化的风电能力管控，并建立风电按照保障能力参与交易的机制，确保风电参与交易电量规模可控。为避免弃风弃光，在做好出力预测的条件下，充分利用全网水电调节性能，抵消新能源波动对市场的影响。此外，为进一步保障新能源消纳，将汛期风电、光伏所有电量安排为保障居民电能替代电量，间接参与市场化交易。

激励机制和多能协同机制的合理设计保障了云南电力市场的平稳发展。激励相容机制促进了市场主体积极理性参与市场，交易电量连续 5 年保持两位数以上增长，市场价格始终保持在合理区间。多能协同机制设计，促进了可再生能源的优先消纳，又保障了火电的基本生存。

在国家发展改革委、国家能源局印发的《关于加快建设全国统一电力市场体系的指导意见》的推动下，云南省正逐步推动新能源参与电力现货市场，未来将进一步深化。

（4）贵州。2012 年 1 月发布的《国务院关于进一步促进贵州经济社会又好又快发展的若干意见》（国发〔2012〕2 号）提出，支持"在贵州率先开展全国电力价格改革试点，探索发电企业与电力用户直接交易方式方法""允许符合条件的企业开展大用户直供电"。2013 年 2 月国家发展改革委批复贵州省电力用户与发电企业直接交易试点输配电价，2013 年 7 月贵州省 5 家电力用户与发电企业直接交易试点工作正式启动，2014 年贵州省发展改革委牵头制定《贵州省电力用户与发电企业直接交易实施意见》（黔发改能源〔2014〕964 号），到 2015 年，全省共有 126 家用电企业参与年度电力直接交易，签约电量 226.81 亿 kW·h，占省内预计售电量的 25%，居全国前列。

在 2015 年国家启动新一轮电改后，贵州省利用三年时间，建设了以年度长期交易为主、月度短期交易为补充的中长期电力市场。贵州省于 2016 年发布《贵州新能源参与电力市场化交易方案（试行）》，推进新能源参与电力市场化交易。至 2021 年，贵州省电力市场化交易电量首次突破 600 亿 kW·h，其中长期市场发展平稳有序。2022 年 7 月，贵州发布实施《贵州绿色电力交易实施细则（试行）》和《贵州新能源参与电力市场化交易方案（试行）》，明确了绿电的交易方式、价格机制、交易标的、结算与偏差处理等内容，明确了市场主体及准入条件，包括风电及光伏发电企业、电力用户和售电公司，只要符合条件并完成注册，均可参与绿电交易。2023年6月，贵州印发省内现货环境下中长期电能量交易、市场结算和信息披露等3个配套实施细则，实现统一交易平台现货基本功能全流程贯通并上线试运行。

2022年7月，贵州电网公司联合贵州电力交易中心发布实施《贵州绿色电力交易实施细则（试行）》和《贵州新能源参与电力市场化交易方案（试行）》，明确了绿电的交易方式、价格机制、交易标的、结算与偏差处理等内容，明确了市场主体及准入条件，包括风电及光伏发电企业、电力用户和售电公司，只要符合条件并完成注册，均可参与绿电交易。目前，贵州电力交易中心已组织19家新能源企业与6家售电公司开展绿色电力交易。其中，贵州茅台酒股份有限公司通过售电公司代理购买绿电1亿kW·h，实现了绿电全覆盖。

（5）海南。《中共中央　国务院关于进一步深化电力体制改革的若干意见》（中发〔2015〕9号）后，海南省于2018年开启中长期电力市场建设，2018年市场直接交易总量为2亿kW·h；2019年海南省内电力市场化交易电量4.74亿kW·h，同时，有序向社会资本开放售电业务；2020年度电力市场化交易规模约为35亿kW·h；2021年海南省内电力市场化交易电量68亿kW·h，总体呈现稳健发展态势。但目前，海南省新能源尚未进入电力市场。

第 7 章

新能源并网特性

7.1　运行特性分析

7.1.1　同时率❶

2022 年，全网新能源最大同时率为 55.60％，最小同时率为 1.6％。其中，风电最大、最小同时率分别为 61.58％和 0.62％，光伏最大同时率可达 86.40％。南方五省区中广西、海南风电最大同时率较高，广东、海南光伏最大同时率较高。

全网及南方五省区 2022 年风电全年出力最大、最小同时率对比情况如图 7-1 所示，光伏全年出力最大同时率对比情况如图 7-2 所示。

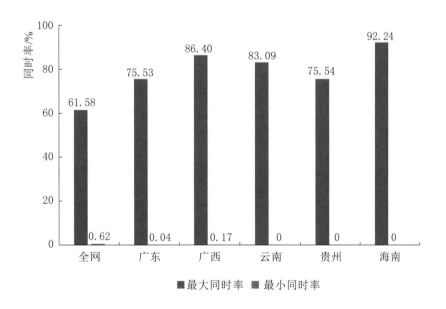

图 7-1　全网及南方五省区 2022 年风电全年出力最大、
最小同时率对比情况

---

❶　数据来源：南方电网电力调度中心，《中国南方电网二〇二二年新能源运行总结分析报告》。

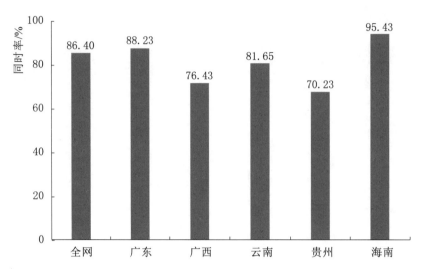

图 7-2　全网及南方五省区 2022 年光伏全年出力最大同时率对比情况

7.1.2　出力概率分布❶

本节主要分析南方五省区在高峰低谷时段的风电、光伏发电的出力情况。由于海南新能源装机容量较小，在此不进行分析。一般选取每日 10：00—12：00、14：00—17：00 为高峰时段，1：00—5：00 为夜间低谷时段用于风电出力概率分布分析，12：00—14：00 为午间低谷时段用于光伏出力概率分布分析。

（1）风电出力特性分析。南方五省区风电夜间低谷出力普遍高于高峰出力。广东、广西、云南三省区风电"春冬大、夏秋小"的季节性规律明显，其中以云南最为突出。

第三季度，广东、云南高峰时段风电出力总体较小，也即在全网负荷较高季节，风电在高峰时段支撑能力较弱。

第四季度，受台风及多轮冷空气影响，广东、广西低谷时段风电出力占装机 30％以上出力概率 25％左右，其中广西风资源明显优于广东，高出力水平概率更大，最大出力水平可达 85％；云南风资源在五省区最优，第一季度低谷时段风电出力水平高于 30％的概率超过 70％，在全网负荷较低季

---

❶　数据来源：南方电网电力调度中心，《中国南方电网二〇二二年新能源运行总结分析报告》。

节，风电在低谷时段出力水平较高。

南方五省区风电高峰时段出力概率分布和夜间低谷时段出力概率分布分别如图 7-3 和图 7-4 所示。

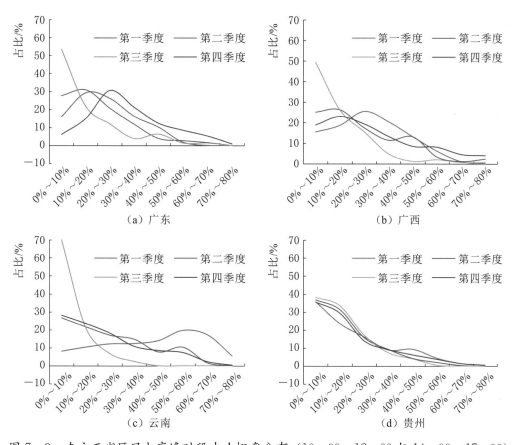

图 7-3　南方五省区风电高峰时段出力概率分布（10：00—12：00 与 14：00—17：00）

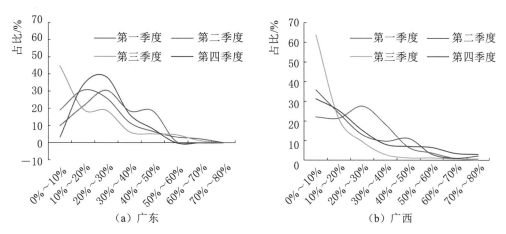

图 7-4（一）　南方五省区风电夜间低谷时段出力概率分布（1：00—5：00）

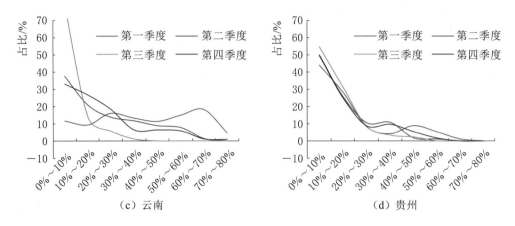

图 7-4（二）　南方五省区风电夜间低谷时段出力概率分布（1：00—5：00）

（2）光伏出力特性分析。全网光伏在早高峰时段具有一定的支撑能力，但在晚高峰则无法提供支撑，在午间低谷表现出反调峰特性。广东、广西、贵州三省区光伏呈现出"夏秋高、春冬低"的特点，而云南光伏高出力时段则在第一季度。

广东第一季度光伏高峰出力能力一般，第二季度有所上升，第三季度达到最大（30％以上出力概率超过80％），第四季度回退与第一季度持平。广东第二、第三季度光伏午间低谷高发概率较高，出力概率高于50％装机容量分别为56％和73％。广西光伏出力特性整体与广东类似，第三季度早高峰及午间低谷出力水平较高，但整体资源水平低于广东。

云南光资源全网最好，但早高峰由于时差问题，早高峰顶峰能力不及广东，在晚高峰无法提供电力支撑。而在午间低谷时段（12：00—14：00）云南光伏出力水平明显上升，尤其是在第一季度40％以上出力水平概率大于40％。

贵州光资源全网处于最低水平，且与广东、云南差距较大。除第三季度外，贵州光伏出力水平大概率低于30％。贵州第三季度光伏出力水平提升，带来较大的弃光压力。

南方五省区光伏高峰时段出力概率分布和午间低谷时段出力概率分布分别如图 7-5 和图 7-6 所示。

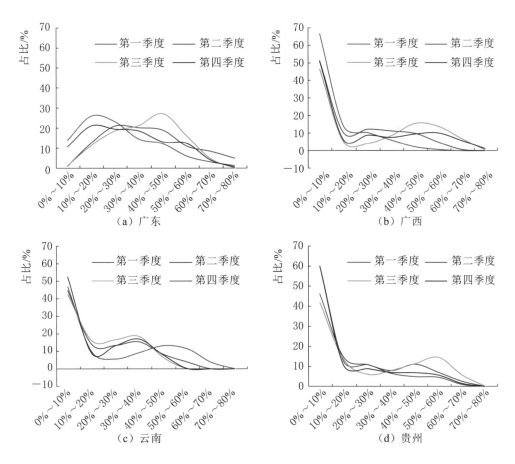

图 7-5　南方五省区光伏高峰时段出力概率分布

（10：00—12：00 与 14：00—17：00）

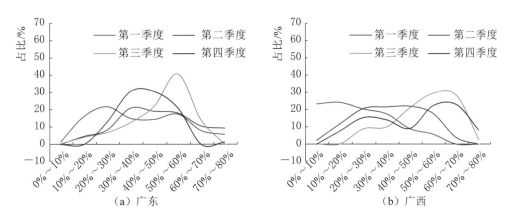

图 7-6（一）　南方五省区光伏午间低谷时段出力概率分布

（12：00—14：00）

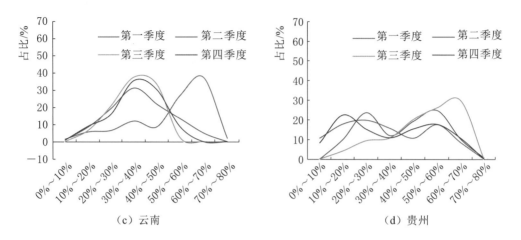

（c）云南　　　　　　　　　（d）贵州

图 7-6（二）　南方五省区光伏午间低谷时段出力概率分布

（12:00—14:00）

7.1.3　波动性分析❶

本节主要分析各省区新能源日内电力波动性和日间电量波动性。

（1）日内电力波动性分析。2022 年，全网风电日内 15min 电力上波动和下波动最大波动率分别为 2.43% 和 −2.66%；1h 电力上波动和下波动最大波动率分别为 6.67% 和 −7.07%；4h 电力上波动和下波动最大波动率分别为 18.97% 和 −18.66%。

（2）日间电量波动性分析。

1）风电。2022 年，全网风电相邻日间电量上波动和下波动最大波动率分别为 96.01% 和 −53.35%；三日内电量上波动和下波动最大波动率分别为 320.34% 和波动率 −81.26%；七日内电量上波动和下波动最大波动率分别为 322.02% 和 −75.40%。

2）光伏。2022 年，全网光伏相邻日间电量上波动和下波动最大波动率分别为 164.55% 和 −44.55%；三日内电量上波动和下波动最大波动率分别

---

❶　数据来源：南方电网电力调度中心，《中国南方电网二〇二二年新能源运行总结分析报告》。

为 458.36％和－67.33％；七日内电量上波动和下波动最大波动率分别为465.97％和－68.39％。

7.1.4 渗透率[1]

2022 年，全网新能源电量负荷渗透率为 7.81％（新能源电量占全网发受电量比例，下同），最大电力负荷渗透率为 20.35％（新能源出力占全网负荷比例最大值，下同）。其中风电平均电量负荷渗透率为 5.72％，最大电力负荷渗透率为 18.7％；光伏平均电量负荷渗透率为 2.09％，最大电力负荷渗透率为 11.12％。

各省区中，广东新能源最大电力负荷渗透率最高达 18.76％，广西新能源最大电力负荷渗透率最高达 45.08％，云南新能源最大电力负荷渗透率最高达 42.62％，贵州新能源最大电力负荷渗透率最高达 53.30％，海南新能源最大电力负荷渗透率最高达 40.38％。

全网每月负荷平均电量渗透率和最大电力渗透率分别如图 7-7 和图 7-8所示。

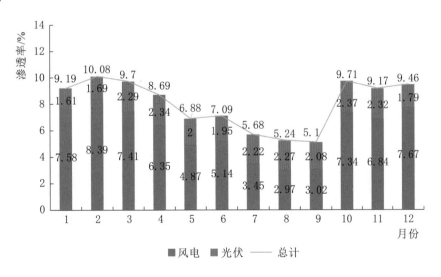

图 7-7　全网每月负荷平均电量渗透率

---

[1]　数据来源：南方电网电力调度中心，《中国南方电网二〇二二年新能源运行总结分析报告》。

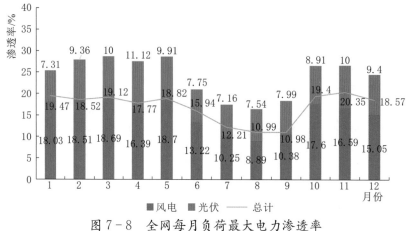

图7-8　全网每月负荷最大电力渗透率

2022年，全网新能源平均电量发电渗透率为7.90%（新能源电量占全网全电源发电量占比，下同），最大电力发电渗透率为20.93%（新能源出力占全网全电源出力最大占比，下同）。其中风电平均电量发电渗透率为5.78%，最大电力发电渗透率为18.80%；光伏平均电量发电渗透率为2.12%，最大电力发电渗透率为11.34%。

南方五省区中，广东新能源最大电力发电渗透率最高达21.65%，广西新能源最大电力发电渗透率最高达44.86%，云南新能源最大电力发电渗透率最高达35.34%，贵州新能源最大电力发电渗透率最高达40.88%，海南新能源最大电力发电渗透率最高达40.31%。全网每月发电平均电量渗透率和最大电力渗透率分别如图7-9和图7-10所示。

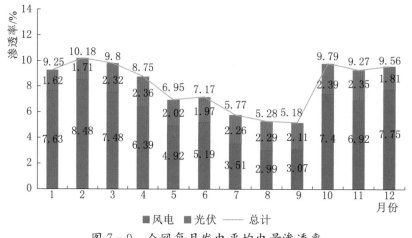

图7-9　全网每月发电平均电量渗透率

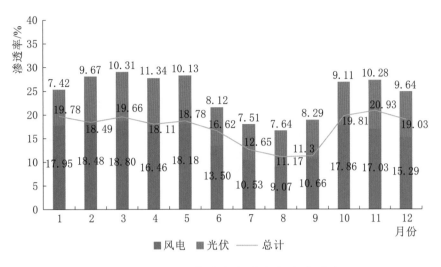

图7-10 全网每月发电最大电力渗透率

7.1.5 置信容量[1]

置信容量表征新能源可替代常规机组电力支撑的容量，指某区域电力平衡控制月的日负荷高峰3h，风电、光伏出力能够保证某一概率下（取95%保证率）均大于该数值，该数值作为某区域新能源参与电力平衡的出力率取值，即为置信容量。2022年南方五省区新能源置信容量见表7-1。

表7-1　　　　　　2022年南方五省区新能源置信容量　　　　　　%

项目	负荷控制时刻	陆上风电		海上风电		光 伏	
		丰期	枯期	丰期	枯期	丰期	枯期
广东	午高峰	1.3	4.1	0.9	1.8	18.5	9.5
	次高峰	3.1	5.8	1.0	1.8	17.4	0
广西	晚高峰	4.4	5.6	—		0	0
云南	晚高峰	3.6	7.5	—		0	0
贵州	晚高峰	3.4	2.8	—		0	0
海南	晚高峰	0.2	3.7	—		0	0

---

❶ 数据来源：南方电网电力调度中心，《南方五省区新能源出力特性分析报告》。

广东夏季、冬季最大负荷控制时段为午高峰10：00—12：00。经测算，丰期午高峰陆上风电置信容量为1.3%、海上风电为0.9%、光伏为18.5%；枯期午高峰陆上风电置信容量为4.1%、海上风电为1.8%、光伏为9.5%。与2019—2021年置信容量计算结果相比，偏差在0.8个百分点以内。由于"十四五"期间光伏增长规模较大，部分时间日负荷控制时刻转移至次高峰14：00—16：00（夏季）、次高峰18：00—20：00（冬季）。经测算，丰期次高峰陆上风电置信容量为3.1%、海上风电为1.0%、光伏为17.4%；枯期次高峰陆上风电置信容量为5.8%、海上风电为1.8%、光伏为0。与2019—2021年置信容量计算结果相比，偏差在0.8个百分点以内。

广西夏季最大负荷控制时段为晚高峰20：00—22：00，冬季最大负荷控制时段为晚高峰19：00—21：00。经测算，丰期晚高峰陆上风电置信容量为4.4%、光伏为0；枯期晚高峰陆上风电置信容量为5.6%、光伏为0。与2019—2021年置信容量计算结果相比，偏差在0.2个百分点以内。

云南夏季、冬季最大负荷控制时段均为晚高峰18：00—20：00。经测算，丰期晚高峰陆上风电置信容量为3.6%、光伏为0；枯期晚高峰陆上风电置信容量为7.5%、光伏为0。与2020—2021年置信容量计算结果相比，偏差在0.3个百分点以内。

贵州夏季、冬季最大负荷控制时段均为晚高峰18：00—20：00。经测算，丰期晚高峰陆上风电置信容量为3.4%、光伏为0；枯期晚高峰陆上风电置信容量为2.8%、光伏为0。与2019—2021年置信容量计算结果相比，偏差在0.2个百分点以内。

海南夏季最大负荷控制时段为晚高峰20：00—22：00，冬季最大负荷控制时段为晚高峰18：00—20：00。经测算，丰期晚高峰陆上风电置信容量为0.2%、光伏为0；枯期晚高峰陆上风电置信容量为3.7%、光伏为0。与2019—2021年置信容量计算结果相比，结论一致。

7.1.6　有效容量●

有效容量表征新能源实现某一电量利用率下的最大出力，指对某区域或典型新能源场站一段时期内风电或光伏出力进行分布统计，取某一电量利用率所对应的出力率。南方五省区新能源有效容量如图 7－11 所示。

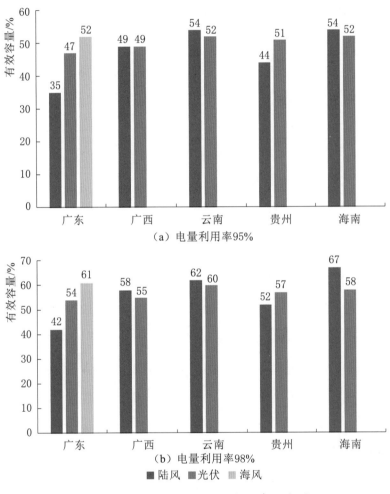

图 7－11　南方五省区新能源有效容量

按照 95% 电量利用率，广东陆上风电有效容量约为 35%、海风约为 52%、光伏约为 47%。广西陆上风电有效容量约为 49%、光伏约为 49%。云南陆上风电有效容量约为 54%、光伏约为 52%。贵州陆上风电有效容量

● 数据来源：南方电网电力调度中心，《南方五省区新能源出力特性分析报告》。

约为 44％、光伏约为 51％。海南陆上风电有效容量约为 54％、光伏约为 52％。

按照 98％电量利用率，广东陆上风电有效容量约为 42％、海风约为 61％、光伏约为 54％。广西陆上风电有效容量约为 58％、光伏约为 55％。云南陆上风电有效容量约为 62％、光伏约为 60％。贵州陆上风电有效容量约为 52％、光伏约为 57％。海南陆上风电有效容量约为 67％、光伏约为 58％。

7.2 系统特性分析

7.2.1 高低频振荡问题

新能源并网引起的高低频振荡问题，主要是因为新能源通过电力电子变流器并网，在电网和变流器产生交互作用时，有可能出现振荡或谐振问题。新能源并网引起的高低频振荡，一方面会导致新能源机组跳闸，严重时还会造成新能源设备损坏；另一方面会对电力系统运行造成冲击。

新能源并网引起的高低频振荡问题，在全世界范围内都存在。2019 年 8 月 9 日，英国发生大规模停电事故。雷击引发 400kV 线路单相短路故障，海上风电与常规燃气电厂机组意外同时跳闸，瞬间损失功率超过最大允许电源损失量，惯量不足导致分布式光伏大量脱网。因常规机组涉网性能存在缺陷，分布式电源并网性能与英国电网不协调，系统一次调频能力不足，导致了英格兰及威尔士地区发生大规模停电事故，波及范围达 100 万人以上。停电事故造成部分铁路和公路设施瘫痪，对居民生活、工业生产和社会活动产生极其严重的影响。

随着我国新能源的快速发展，新能源并网引起的高低频振荡问题逐渐显现。国内新能源并网系统接入电网后存在的振荡问题主要为次同步振荡，也有少量的高频振荡。例如，2015 年 7 月，新疆某风电场出现次同步振荡，不但造成风电场内风电机组大规模的跳闸，还导致数百千米外的火电机组轴系扭振保护动作；这一次同步振荡的频率随时间飘移，同时可能伴有超同步频率。另外，2022 年我国南方地区某海上风电场发生高频振荡，导致 500MW 风电场内风电机组跳闸，整个风电场停运半年多，造成较大损失。

7.2.2　高低电压穿越问题

低电压穿越是对新能源并网机组在电网出现电压跌落时仍保持并网的一种特定的运行功能要求，是指在并网点电压跌落时，风光等新能源能够保持低电压并网而穿越这个低电压时间（区域），甚至向电网提供无功功率，支持电网恢复正常运行。我国已经制定相关的新能源并网运行准则，定量地给出新能源离网的条件（如最低电压跌落深度和跌落持续时间），只有当电网电压跌落低于规定曲线以后才允许新能源脱网，当电压在凹陷部分时，新能源应提供无功功率。

高电压穿越是对新能源并网机组在电网电压发生故障骤升时仍保持并网的一种特定的运行功能要求，是指在并网点电压骤升时，风光等新能源能够保持高电压并网而穿越这个高电压时间（区域），甚至向电网提供无功功率，支持电网完成电压骤升到恢复正常的过程。

低电压穿越、高电压穿越要求提升了对于风光并网变流器的技术要求，变流器在元器件配置及其控制方法上都需要升级。目前，我国风光并网变流器已经具备高低电压穿越能力。

7.3　一次调频及惯性响应问题

随着我国新能源的快速发展，大规模并网的新能源其随机功率波动对电网造成巨大冲击，在电网频率波动时容易导致系统失稳。因此，新能源并网具备一次调频能力被提上议事日程。国家电网大部分省级电网公司规定，在 2021 年年底前新能源场需具备一次调频能力。国家标准《并网电源一次调频技术规定及试验导体》（GB/T 40595—2021），明确要求 2022 年 5 月 1 日起新能源场具备一次调频能力。南方电网按照国家能源局的要求正在大力推进新能源场的一次调频改造，新建场站全部要求具备一次调频能力。

其次，原来以传统同步电源为主体的电力系统，其频率电压都依靠同步电源进行支撑，大规模新能源并网后，以电力电子变流器并网的大规模新能源缺乏惯性，会导致以新能源为主体的新型电力系统惯量不足。国内外仿真研究表明，在新能源渗透率大于 30％时，电力系统的稳定将面临巨大挑战。目前，国家标准和南方电网公司均未要求新能源场站具备惯量支撑能力。

7.4 新型电力系统的技术支撑体系

传统电力系统以同步机提供系统阻尼和暂态支撑，新能源并网运行自保为主。当新能源大量接入并成为主力电源后，新能源必须为电力系统提供主动支撑能力。国内外关于新能源暂态主动支撑技术方面开展了大量研究，研究表明，应从以下三方面突破：

（1）新能源场站的调节资源有限，且随机性强，传统 15min 预测难以评估其暂态调节能力，需要建立秒级、分钟级、小时级新能源场站的主动支撑能力预测与评估体系，为新能源场站参与电力系统的暂态、稳态调节提供基础支撑。

（2）新能源场站的多时间尺度的有功无功控制存在时空分布的强耦合性，动态交互作用强，协同控制困难；需要开展有功无功约束耦合下暂态支撑协同优化控制技术的研究；在此基础上，研发具备有功无功主动支撑能力的构网型新能源场站并网装置，为电力系统提供频率电压的主动支撑。

（3）充分挖掘新能源场站的惯量支撑能力，基于新能源场站的随机波动特性，配置一定比例的储能，通过储能与新能源场站的联合运行策略，为电力系统提供惯量支撑。

第 8 章

区外新能源发展

8.1　区外新能源送电南方区域的必要性

8.1.1　全国电力流及区外清洁电源基地分析

（1）我国整体能源和电力格局。我国能源资源与能源需求分布不平衡，呈明显的逆向分布特征，能源资源主要分布在西部和北部地区，能源需求主要在东中部地区，这种布局决定了我国"由西向东、自北向南"的总体能源流向。从全国资源开发和配置看，"三北"地区（西北、华北、东北）、西南地区的风、光资源开发潜力超过 50 亿 kW，而东部负荷中心的风、光资源不足 10 亿 kW，要实现"碳达峰、碳中和"战略目标，"三北"、西南地区清洁能源规模化开发并送往我国东、南部负荷中心势在必行。根据《中华人民共和国第十四个五年规划和 2035 年远景目标纲要》，我国将建设雅鲁藏布江下游水电基地，建设金沙江上下游、雅砻江流域、黄河上游和几字湾、河西走廊、新疆、冀北、松辽清洁能源基地。其中，黄河上游（青海）、黄河几字湾（蒙西、陕北）和甘肃河西走廊清洁能源基地距离南方区域不超过 2500km，在合理的送电范围内。

（2）我国电源装机现状。截至 2022 年年底，全国累计发电装机容量约 25.6 亿 kW，同比增长 7.8%。全国可再生能源总装机超过 12 亿 kW，风、光电源装机容量占总电源装机容量的 30% 左右。其中，风电装机容量约 3.6544 亿 kW，占电源总装机容量的 14.3%；太阳能发电装机容量约 3.9261 亿 kW，占电源总装机容量的 15.2%。2022 年全国各类型电源装机容量及占比如图 8-1 所示。

（3）我国风光电源装机发展目标。2021 年 10 月印发的《中共中央　国务院关于完整准确全面贯彻新发展理念做好碳达峰碳中和工作的意见》提出，到 2030 年，我国非化石能源消费比重达到 25% 左右，风电、太阳能发电总装机容量达到 12 亿 kW 以上；到 2060 年，清洁低碳安全高效的能

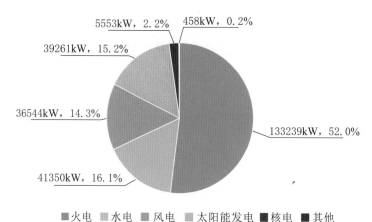

图 8-1 2022 年全国各类型电源装机容量及占比

源体系全面建立，非化石能源消费比重达到 80％以上，碳中和目标顺利实现。

8.1.2 区外新能源送电南方区域的形势及政策

（1）南方区域电力平衡分析。根据 2021 年 9 月南方电网公司编制的《南方电网"十四五"电网发展规划》，经考虑西电东送电力流及相对明确新增电源后，电力平衡计算结果表明，2025 年南方五省区总缺电合计约 3000 万 kW，其中广东缺电 970 万 kW、广西缺电 580 万 kW、云南缺电 460 万 kW、贵州缺电 790 万 kW、海南缺电 150 万 kW。在"十四五"相对明确的电源基础上，2026—2035 年考虑核准在建广东惠州核电（2$^\sharp$机）、昌江核电二期等 360 万 kW 核电，及相对明确的云南旭龙、奔子栏、古水、龙盘等 855 万 kW 规划水电投产，拟退役煤电 926 万 kW、退役气电 57 万 kW，2030 年、2035 年南方五省区电力缺口将分别扩大至 8700 万 kW、1.4 亿 kW 左右。南方区域所缺电力，需从区外送入解决。

（2）区外新能源送电南方区域政策分析。2022 年 5 月，国家发展改革委、国家能源局发布《关于促进新时代新能源高质量发展的实施方案的通知》（国办函〔2022〕39 号）。方案提出，要加快推进以沙漠、戈壁、荒漠地区为重点的大型风电光伏基地建设，加大力度规划建设以大型风光电基地为基础、以其周边清洁高效先进节能的煤电为支撑、以稳定安全可靠的特高压输变电线路为载体的新能源供给消纳体系。

根据全国能源和电力格局,按照我国自西向东、自北向南的总体能源流向,综合考虑各区域能源资源开发情况,今后南方区域引入的国内电力主要是北方清洁能源基地。根据我国清洁能源资源禀赋条件,本报告主要分析西藏、青海、陕西、甘肃、内蒙古、宁夏、新疆等北方省区的清洁能源基地送电南方电网区域。

北方清洁能源基地的送电特性是可控性较强,通过配置适当规模的支撑煤电和储能,可确保通道送电特性适应受端系统。通过引入北方清洁能源基地电力,构建与西南水电互补的"西电东送"格局,可有力提升南方区域的电力供应安全保障水平。

8.2 区外新能源送电南方区域的可行性

8.2.1 北方省区电源装机现状❶

截至 2022 年年底,甘肃电源总装机容量为 6781 万 kW,风、光电源装机占 51.5%;青海电源总装机容量为 4468 万 kW,风、光电源装机占 62.2%;宁夏电源总装机容量为 6475 万 kW,风、光电源装机占 48.4%。甘肃、青海、宁夏三省区风、光新能源装机容量占比较高,在 50% 左右,且宁夏水电装机占近 30%,清洁装机容量占比超过 90%。陕西电源总装机容量为 8175 万 kW,风、光电源装机占 32.6%;新疆电源总装机容量为 11400 万 kW,风、光电源装机占 36.0%;内蒙古电源总装机容量为 16811 万 kW,风、光电源装机占 35.9%,这三省区风、光新能源装机容量占比均超过 30%。西藏总电源装机容量为 500 万 kW。2022 年北方省区电源装机及结构见表 8-1。

---

❶ 为便于论述,本报告把西藏纳入向南方区域送电的北方省区范围。

表 8-1　　　　　　2022 年北方省区电源装机及结构

一、装机容量/万 kW							
电源类型	陕西	甘肃	青海	宁夏	西藏	新疆	内蒙古
火电	5064	2313	393	3304	300	6400	10496
水电	388	972	1261	43	0	899	238
核电	0	0	0	0	0	0	0
风电	1179	2073	972	1457	0	2615	4564
太阳能	1489	1417	1842	1584	200	1451	1478
生物质发电	55	0	0	0	0	0	0
其他	0	0	0	0	0	0	0
合计	8175	6781	4468	6475	500	11400	16811
二、容量占比/%							
电源类型	陕西	甘肃	青海	宁夏	西藏	新疆	内蒙古
火电	61.4	33.8	8.9	51.6	60.0	56.1	62.4
水电	4.8	14.7	28.9	0.7	0.0	7.9	1.4
核电	0.0	0.0	0.0	0.0	0.0	0.0	0.0
风电	14.5	30.9	22.2	23.4	0.0	22.8	27.1
太阳能	18.1	20.6	40.0	25.0	40.0	13.2	8.8
生物质发电	1.2	0.0	0.0	0.0	0.0	0.00	0.0
其他	0.0	0.0	0.0	0.0	0.0	0.00	0.0
合计	100.0	100.0	100.0	100.0	100.0	100.00	100.0

8.2.2　全国和北方省区新能源资源现状[1]

（1）风能资源情况。2022 年，全国 70m 高度年平均风功率密度为 193.1W/m^2。从空间分布看，东北大部、华北大部、青藏高原大部、云贵高原、西南地区和华东地区的山地、东南沿海等地年平均风功率密度一般超过 200W/m^2。其中，内蒙古中东部、黑龙江东部、河北北部、山西北部、新疆北部和东部、青藏高原和云贵高原的山脊地区等地超过 300W/m^2。

（2）太阳能资源情况。2022 年，全国太阳能资源总体为偏大年景，全

---

❶　2023 年 4 月中国气象局风能太阳能中心发布的《2022 年中国风能太阳能资源年景公报》。

国平均年水平面总辐照量为 1563.4kW·h/m²，为近 30 年最高值。新疆大部、西藏、西北、西南西部、内蒙古大部、华北、华中大部、华东大部、华南大部地区年水平面总辐照量超过 1400kW·h/m²。其中，西藏大部、青海中部及北部局部地区年水平面总辐照量超过 1750kW·h/m²，为太阳能资源最丰富区；新疆大部、内蒙古大部、西北中部及东部、华北、华东、华南东部等地年水平面总辐照量 1400～1750kW·h/m²，为太阳能资源很丰富区。

2022 年，内蒙古 70m 高度层平均风功率密度为 284.44W/m²、西藏为 215.26W/m²、陕西为 121.53W/m²、甘肃为 205.52W/m²、青海为 197.22W/m²、宁夏为 182.74W/m²、新疆为 207.20W/m²。其中，内蒙古、西藏和新疆风资源条件较好；七省（自治区）的固定式光伏发电最佳斜面总辐照量平均值分别为：内蒙古 1571.6kW·h/m²、西藏 1819.8kW·h/m²、陕西 1459.7kW·h/m²、甘肃 1627.7kW·h/m²、青海 1747.2kW·h/m²、宁夏 1611.0kW·h/m² 和新疆 1588.6kW·h/m²，其中西藏、青海等省（自治区）太阳能资源较好。

8.2.3　北方清洁能源基地中长期电力发展规划

（1）青海中长期电力发展规划。根据《青海省国民经济和社会发展第十四个五年规划和二〇三五年远景目标纲要》，青海省将建设国家清洁能源示范省，加快海西、海南清洁能源开发，打造风光水储多能互补、源网荷储一体化清洁能源基地。加快黄河上游水电站规划建设进度，打造黄河上游千万千瓦级水电基地。

根据《青海省"十四五"能源发展规划》，2025 年青海省全面建成国家清洁能源示范省，国家清洁能源产业高地初具规模。到 2025 年青海电源总装机容量达到 9299 万 kW，其中水电发电装机为 1643 万 kW、光伏发电为 4580 万 kW、风电 1650 万 kW、光热发电 121 万 kW、生物质发电 12 万 kW、电化学储能 600 万 kW、火电（煤电）393 万 kW、燃气发电 300 万 kW。其中力争到 2025 年，海西蒙古族藏族自治州、海南藏族自治州新能源发电装机容量分别超过 3000 万 kW 和 2500 万 kW；到 2035 年，建成亿千瓦级的"柴达木清洁能源生态走廊"、亿千瓦级黄河上游 100％绿色能源发展新样板基地。

（2）陕西中长期电力发展规划。根据《陕西省国民经济和社会发展第十四个五年规划和二〇三五年远景目标纲要》，陕西省将建设清洁能源保障供应基地。大力发展风电和光伏，有序开发建设水电和生物质能，扩大地热能综合利用，提高清洁能源占比。按照风光火储一体化和源网荷储一体化开发模式，优化各类电源规模配比，扩大电力外送规模。到 2025 年，电力总装机容量超过 13600 万 kW，其中可再生能源装机容量为 6500 万 kW。

对于可再生能源，风电和光伏重点建设定边、靖边风电集中区，推进榆林北部和渭北集中式平价光伏规模化发展，建设一批"光伏＋"示范项目。水电建成旬阳水电站、黄金峡水电站、白河水电站和镇安抽水蓄能电站，推进第二抽水蓄能电站前期工作。到 2025 年，风电发电装机规模达到 2000 万 kW、光伏发电 3800 万 kW、水电 600 万 kW 和生物质发电 100 万 kW。

（3）甘肃中长期电力发展规划。根据《甘肃省国民经济和社会发展第十四个五年规划和二〇三五年远景目标纲要》，甘肃省将大力发展新能源，坚持集中式和分布式并重、电力外送与就地消纳结合，着力增加风电、光伏发电、太阳能热发电、抽水蓄能发电等非化石能源供给，形成风光水火储一体化协调发展格局。持续推进河西特大型新能源基地建设，进一步拓展酒泉千万千瓦级风电基地规模，打造金（昌）张（掖）武（威）千万千瓦级风光电基地，积极开展白银复合型能源基地建设前期工作。持续扩大光伏发电规模，推动"光伏＋"多元化发展开工建设玉门昌马等抽水蓄能电站，谋划实施黄河、白龙江干流甘肃段抽水蓄能电站项目。到 2025 年，全省风光电装机达到 5000 万 kW 以上，可再生能源装机占电源总装机比例接近 65％，非化石能源占一次能源消费比重超过 30％，外送电新能源占比达到 30％以上。

根据《甘肃省"十四五"能源发展规划》，到 2025 年，以新能源为代表的河西走廊清洁能源基地可持续发展能力全面提升，陇东综合能源基地建设取得重要进展，全省能源自给有余，形成规模化电力外送发展格局。到2025年，全省电力装机规模达到12680万kW，其中火电（含生物质发电）发电装机容量为3558万kW、水电1000万kW、风电2480万kW、光伏发电3203万kW、光热发电100万kW、电力外送1010万kW。可再生能源发电装机占电力总装机超过65%，可再生能源发电量达到全社会用电量的60%左右。

（4）内蒙古中长期电力发展规划。根据《内蒙古自治区国民经济和社会发展第十四个五年规划和二〇三五年远景目标纲要》，内蒙古将推进风光等可再生能源高比例发展，重点建设包头、鄂尔多斯、乌兰察布、巴彦淖尔、阿拉善等千万千瓦级新能源基地。到2025年，新能源成为电力装机增量的主体能源，新能源装机比重超过50%。规划建设蒙西至河北、至天津、至安徽、至河南、至南网特高压绿色电力外送通道。

根据《内蒙古自治区"十四五"电力发展规划》，到2025年，内蒙古发电装机容量将升至2.71亿kW左右，煤电装机容量升至1.33亿kW左右。清洁低碳转型加速推进，新能源装机规模达1.35亿kW以上。其中，风电装机容量8900万kW左右，光伏发电装机容量4500万kW左右。抽水蓄能开工建设120万kW。非化石能源占一次能源消费比重达到20%左右，新能源装机比重超过50%，新能源发电总量占总发电量比重超过35%。到2030年，内蒙古新型电力系统建设取得重大进展，电源装机规模超过3亿kW，风光等可再生能源成为主体电源，新能源发电总量超过火电发电总量。

（5）宁夏中长期电力发展规划。根据《宁夏回族自治区能源发展"十四五"规划》，到2025年，宁夏电力装机容量将达到9000万kW以上，可再生能源发电实现倍增，装机规模超过5000万kW、力争达到5500万kW。非化石能源消费量占一次能源消费比重提高到15%左右，可再生能源电力消纳比重提高到30%以上、非水可再生能源电力消纳比重提高到28%以上。推动沙漠、戈壁、荒漠、采煤沉陷区大型集中式光伏开发，重点在沙坡头区、红寺堡区、宁东能源化工基地、中宁县、盐池县、灵武市、利通区、同心县、青铜峡市等地建设一批百万千瓦级光伏基地。加快发展太阳能发电，"十四五"期间，光伏发电成为全区电力增量主体，装机规模实现翻番，到2025年达到3250万kW以上。稳步推进风电开发，到2025年，全区风电装机规模达到1750万kW以上。

（6）西藏中长期电力发展规划。根据《西藏自治区国民经济和社会发展第十四个五年规划和二〇三五年远景目标纲要》，到2025年，西藏清洁能源电力装机容量将达到2500万kW。加快发展以水电、太阳能为主的清洁能源产业，到"十四五"末，水电建成和在建装机容量突破1500万kW，加快发展光伏太阳能、装机容量突破1000万kW，全力推进清洁能源基地开发建设，打造国家清洁能源接续基地。

（7）新疆中长期电力发展规划。根据《新疆维吾尔自治区国民经济和社会发展第十四个五年规划和2035年远景目标纲要》，新疆将建设国家新能源基地，到2025年建成准东千万千瓦级新能源基地，推进建设哈密北千万千瓦级新能源基地和南疆环塔里木千万千瓦级清洁能源供应保障区；建成阜康120万kW抽水蓄能电站，推进哈密120万kW抽水蓄能电站、南疆四地州光伏侧储能等调峰设施建设。建设国家能源资源陆上大通道，扩大疆电外送能力，建成"疆电外送"第三通道，积极推进"疆电外送"第四通道等工程前期工作。

8.2.4 区外清洁能源基地送电南方区域展望

（1）北方清洁能源基地外送典型工程。2023年6月，宁夏—湖南±800kV特高压直流输电工程开工建设，这是我国首个"沙戈荒"风光电基地外送电特高压工程。该工程额定电压为±800kV、额定容量为800万kW，每年输送电量逾360亿kW·h。直流线路全长1634km，途经宁夏、甘肃、陕西、重庆、湖北、湖南6省份。送端汇集宁夏地区的光伏、风电和煤电。该工程接入配套的光伏发电900万kW、风电400万kW，以及464万kW支撑煤电，新能源电量占比超过50%。

（2）区外清洁能源基地送电南方区域展望。

1）近期西藏送电粤港澳大湾区。为加快推动实施西藏清洁能源基地开发并送电粤港澳大湾区消纳，提高粤港澳大湾区能源保障能力和绿色发展动能，促进西藏高质量发展，近期国家规划建设西藏送电粤港澳大湾区工程。

西藏送电粤港澳大湾区依托玉曲河等流域及澜沧江上游电站等水电，并配套近区光伏，新建1回特高压三端柔性直流送电粤港澳大湾区，计划于"十四五"末形成送电能力。西藏送电粤港澳大湾区输电容量为1000万kW，送受端各接入两座换流站。送端接入电源总规模约2000万kW，年送电量约508亿kW·h，输送电量100%为可再生能源，其中新能源电量188亿kW·h，占比达37%。

2）中长期北方清洁能源基地送电南方区域展望。中长期北方清洁能源基地送电南方区域拟采用风电、光伏发电和支撑煤电，落点可在广东、广西、云南或贵州等省区。2023年6月，澜沧江西藏段风光水储一体化基地送电云南广东、澜沧江西藏段风光水储一体化基地送电广西广东等整体输电方案研究发布招标公告，计划通过开展输电方案研究，对项目是否可行进行初步判断。

3）湄澜五国送电南方区域展望[1]。**澜湄五国可再生能源资源条件较好，具备向南方区域输送可再生能源电力的条件。**澜湄五国水能资源技术可开发量1.25万kW，已开发水能资源约3970万kW，尚有8510万kW待开发，其中缅甸开发潜力巨大，超5000万kW有待开发；老挝也尚有约1600万kW待开发；越南水能资源已开发超过74%，剩余开发潜力相对较小。澜湄五国风能技术可开发量约11.14亿kW，其中缅甸、越南和泰国风电技术可开发量分别为4.82亿kW、3.11亿kW、2.39亿kW，开发潜力较大。澜湄五国太阳能年平均辐射强度1722kW·h/m²，高于我国的平均水平，其中柬埔寨、泰国和缅甸太阳能年平均辐射强度分别为1895kW·h/m²、1850kW·h/m²

---

[1]　我国境内澜沧江（境外称为湄公河），先后流经缅甸、老挝、泰国、柬埔寨、越南五国，简称澜湄五国。

和 1714kW·h/m²。

我国与越南、老挝、缅甸三个国家接壤。截至 2023 年 7 月，我国已与三个国家形成 15 回 110kV 及以上电压等级的电网互联互通，其中中越通过 3 回 220kV 级、4 回 110kV 级共 7 回线路联网；中缅通过 1 回 500kV 级、2 回 220kV 级、4 回 110kV 级共 7 回线路联网；中老通过 1 回 110kV 级线路联网。

澜湄五国可通过在可再生能源富集区新建线路与南方区域联网送电。老挝送电南方区域的中老联网，近期可通过 500kV 同步联网，在老挝侧新建 500kV 变电站 1 座，云南省变电站新建 1 回 500kV 线路与老挝变电站联网；中远期可将联网的单回 500kV 联网线路扩建为双回，具备向南方区域送电 200 万 kW 的能力。缅甸送电南方区域的中缅联网，近期可采取 500kV 背靠背异步联网方式，在中缅边境新建 100 万 kW 换流站 1 座，我国和缅甸侧各建设 1 回 500kV 线路接入换流站，形成缅甸送电南方区域 100 万 kW 的送电规模；中长期可将单回换流联网线路扩建为双回，同时将背靠背换流站扩建为 300 万 kW，具备向南方区域送电 260 万 kW 的能力。

第 9 章

南方电网公司支撑新能源发展举措

南方电网公司大力支持新能源开发利用，主动服务新能源高质量发展，印发实施《新能源发电项目服务手册》《新能源服务指南》《支持和服务新能源加快发展重点举措（2023 年版）》等指导性文件。成立省级新能源服务中心，为新能源业主提供"一站式"并网服务。上线新能源管理信息系统，实现新能源发电项目并网业务"一网通办"和 100％线上办理，全力推动新能源"应开尽开、应并尽并、能并快并"。

南方电网公司支持和服务新能源加快发展的重点举措主要包括加强政企协同、源网协调，推动新能源"应并尽并、能并快并"，提升系统调节能力，完善新能源交易及结算机制，做好新能源并网关键技术攻关及标准制定及构建新能源服务产业生态圈等方面。

9.1 加强政企协同、源网协调

推动政府和电源企业合理安排新能源开发建设进度，完善支持新能源配套电网建设机制，建立源网协商机制，保障新能源按照计划并网。

典型案例：南方电网加强源网协同规划研究，完成"十四五"新能源接入系统规划、"十四五"输电网规划滚动修编、105 个试点县区分布式光伏配套电网专项规划，将相关成果报送国家能源局及地方能源局主管部门，推动 31 项新能源配套 500kV 电网项目调整纳入国家"十四五"电力发展规划，以满足"十四五"新增新能源接入与消纳需要。

9.2 推动新能源"应并尽并、能并快并"

进一步完善新能源并网服务组织架构，提升新能源管理信息化水平、调度控制水平，加快新能源配套送出工程建设，推动新能源"应并尽并、能并快并"。

典型案例：南方电网公司加强新能源并网服务支撑力量，打造新能源管理信息系统，新能源并网业务实现"一网通办"。南方电网公司各省（级）电网公司全部设置了省级新能源服务机构，新能源并网服务支撑力量明显增强。建成服务南方五省区的新能源管理信息系统，新能源项目业主通过"南网在线"App录入项目名称、类型、地点等基本信息，10分钟之内即可完成并网申请，大幅压缩线下流转的各项环节。同时，可在线查询办理进度、状态等各项服务信息，实现新能源并网服务网上办、掌上办、业主一次都不跑，大大提升客户体验。

9.3　提升系统调节能力

高度重视常规电源布局，维持一定容量可控电源。大力推动抽水蓄能及新型储能发展，丰富系统调节手段。提升需求侧快速响应及灵活调节能力，推动"源随荷动"向"源荷互动"转变。

典型案例：南方电网公司加快建设抽水蓄能电站，支撑构建清洁能源消纳比重最高的世界级湾区电网。2022年5月28日，广东梅州、阳江两座百万千瓦级抽水蓄能电站同时投产发电，至此粤港澳大湾区电网抽水蓄能总装机达到968万kW，将提升粤港澳大湾区电网调节能力超过三成；阳江抽水蓄能电站规划总装机容量240万kW，首期建设120万kW，单机容量高达40万kW、共3台机组。电站被国家发展改革委列为40万千瓦级抽水蓄能电站机组设备自主国产化的依托项目；梅州抽水蓄能电站规划总装机容量240万kW，分两期建设，其中一期工程装机容量120万kW、共4台机组。2021年11月首台发电机组正式投产发电，成为"十四五"开局之年南方五省区内首台投产的抽水蓄能机组。

9.4　完善新能源交易及结算机制

开展区内新能源开发潜力调研，密切监控新能源消纳动态，高质量完成新能源消纳工作。完善新能源交易及结算机制，保障新能源合理收益。

典型案例： 2022 年南方电网公司印发全国首个区域市场绿电交易规则——《南方区域绿色电力交易规则（试行）》，面向电网代购电用户建立了绿色电力认购交易机制，满足了中小企业绿色电力消费需求。开发南方区域绿色电力交易系统，实现绿电账户统一管理、认购交易统一组织、绿证统一管理。推动南方五省区常态化开展南方区域绿色电力交易，助力公司总部基地、海南博鳌论坛首次实现 100% 绿电供应。加强与国家可再生能源信息管理中心等单位合作，建立了绿色电力证书与绿色电力消费凭证的统一核发机制，实现绿电全生命周期溯源，为企业提供更为权威、便捷的绿电查证服务。南方五省区举办了首批绿色电力证书和绿色电力消费凭证的"双证"颁发仪式。

9.5　做好新能源并网关键技术攻关及标准制定

加快新能源并网消纳关键核心技术攻关，保障大规模新能源接入后电网安全稳定运行。尽快制定新能源送出通道建设标准与安全稳定校核标准，建立新能源建模参数库。

典型案例： 南方电网公司结合南方五省区新能源实际情况及特点，部署实施新能源并网消纳系列科技项目。自 2021 年开始，系统布局新型电力系统创新项目研究，在并网消纳领域已立项开展了新能源功率预测、电力电量平衡、源网荷储协同优化、灵活调节资源建设与互动、多类型能源协同优化调度、灵活智能调度等项目研究，组织优势力量集中攻关，在理论和应用等方面取得了系列成果，新能源可观可测可控方面基础技术支持水平提升明显，初步满足了新能源快速建设与安全并网的要求。

9.6　构建新能源服务产业生态圈

大力推动新能源与新技术融合发展，催生新业态和新模式。结合新能源并网消纳需求，大力发展充电服务和新型储能业务。加速数据资产融通，提升节能减碳综合治理及社会服务能力。

典型案例：南方电网大力发展电能替代及电动汽车业务。因地制宜开展节能新技术和典型项目宣传，积极推广交通、工业、建筑等重点领域电能替代，积极实施乡村电能替代。大力发展电动汽车业务，"顺易充"平台上线充电桩运营指标监控系统，实现了充电桩利用率、充电量、低效充电桩占比等关键运营指标统计分析。

数　据　来　源

［1］　国务院网站

［2］　国家发展改革委网站

［3］　国家能源局网站

［4］　中国电力企业联合会

［5］　广东省能源局网站

［6］　云南省能源局网站

［7］　贵州省能源局网站

［8］　广西壮族自治区能源局网站

［9］　海南省能源局网站

［10］　中国南方电网有限责任公司

［11］　国际可再生能源署

［12］　中国光伏行业协会

参 考 文 献

［1］ IRENA. *Renewable Capacity Statistics* 2023 ［R］. 2023.

［2］ 水电水利规划设计总院. 中国可再生能源发展报告 2022 ［R］. 2023.

［3］ 中国可再生能源学会风能专业委员会. 2022 年中国风电吊装容量统计简报 ［R］. 2023.

［4］ 中国气象局风能太阳能中心. 2022 年中国风能太阳能资源年景公报 ［R］. 2023.

［5］ 中国南方电网有限责任公司. 南方电网"十四五"电网发展规划 ［R］. 2021.

［6］ 国务院办公厅转发国家发展改革委、国家能源局关于促进新时代新能源高质量发展的实施方案的通知 ［EB/OL］. https：//www. gov. cn/zhengce/zhengceku/2022 - 05/30/content_5693013. htm.